食品及补充剂中潜在有毒植物纲要

Compendium of Botanicals Reported to Contain Naturally Occuring Substances of Possible Concern for Human Health When Used in Food and Food Supplements

欧洲食品安全局 著

王凤忠 范 蓓 孙玉凤 编译

中国农业科学技术出版社

图书在版编目（CIP）数据

食品及补充剂中潜在有毒植物纲要 / 欧洲食品安全局著；王凤忠，范蓓，孙玉凤编译．--北京：中国农业科学技术出版社，2021.12

书名原文：Compendium of botanicals reported to contain naturally occuring substances of possible concern for human health when used in food and food supplements

ISBN 978-7-5116-5446-5

Ⅰ．①食…　Ⅱ．①欧…②王…③范…④孙…　Ⅲ．①有毒植物-介绍　Ⅳ．①S45

中国版本图书馆 CIP 数据核字（2021）第 158011 号

责任编辑　金　迪
责任校对　贾海霞
责任印制　姜义伟　王思文

出 版 者　中国农业科学技术出版社
北京市中关村南大街 12 号　邮编：100081
电　　话　(010)82109705(编辑室)
(010)82109702(发行部)
(010)82109709(读者服务部)
传　　真　(010)82109698
网　　址　http://www.castp.cn
经 销 者　各地新华书店
印 刷 者　北京建宏印刷有限公司
开　　本　185 mm×260 mm　1/16
印　　张　8.5
字　　数　200 千字
版　　次　2021 年 12 月第 1 版　2021 年 12 月第 1 次印刷
定　　价　78.00 元

《食品及补充剂中潜在有毒植物纲要》
编译者名单

主 编 译： 王凤忠　范　蓓　孙玉凤

副主编译： 佟立涛　刘佳萌　孙　晶　金　诺　黄亚涛　李建勋　卢　聪　张娜娜　白亚娟

编译人员： 王　琼　李淑英　刘丽娅　王丽丽　李敏敏　李春梅　王永泉　徐偲月　贯东艳　祝　冬　郑秀霞

英文原版《Compendium of botanicals reported to contain naturally occurring substances of possible concern for human health when used in food and food supplements》由欧洲食品安全局《EFSA Journal》出版，该中文版由中国农业科学技术出版社有限公司出版发行。如有不符之处以英文为准。

欧洲食品安全局的信息可在欧洲食品安全局网站（https：//www.efsa.europa.eu/en）获得，英文原版纲要从 www.efsa.europa.eu/efsajournal 获得，中文翻译版纲要并非欧洲食品安全局制作的官方内容。

译者的话

经过长期进化演变，植物、动物、微生物在不利于生存的环境因素胁迫下，能够产生有毒物质，从而防卫和抵御外界侵害。这些有毒物质一旦进入食物链就会对人体的正常新陈代谢和器官造成影响，严重危害人类健康。食品及补充剂中有毒植物引起的中毒是全球性问题，也是我国普遍存在的问题，每年全国各地发生多起相关中毒事件，造成大量人员伤亡和财产损失。

我们清楚地看到食品及补充剂中有毒植物带来的负面影响，那么如何将影响降到最低？为保障食品及补充剂安全，世界各国都在积极开展有毒物质危害识别、危害确证、危害溯源等研究。2012 年，欧洲食品安全局发布的 *Compendium of botanicals reported to contain naturally occurring substances of possible concern for human health when used in food and food supplements*（《食品及补充剂中潜在有毒植物纲要》），详尽归纳了约 900 个植物条目，确定了每一个条目的学名、科名、含有相关化合物的植物部位、相关化学物质等。该纲要科学性和实用性强，无疑是国际有毒植物及毒素研究、食品及补充剂研发等领域的重要参考读物。因此，译者认为有必要将本纲要翻译并推荐给国内同行，供学习、参考和借鉴。

鉴于译者水平有限，译文中难免存在不足，恳请读者批评指正。

编译者

2021 年 6 月

摘　要

2009年4月，欧洲食品安全局发布了一份植物纲要，即《据报含有毒、成瘾、精神活性或其他可能与健康相关物质的植物纲要》，这些植物含有毒、成瘾、精神活性或其他备受关注的成分。以上纲要编制的目的是帮助负责评估食品补充剂中特定成分的风险评估员更容易确定需要重点评估的物质。2010年1月至2012年2月，欧洲食品安全局科学委员会充分考虑了出现在至少一个欧洲成员国负面植物清单上或限制使用的植物（如最高剂量水平或仅允许使用的特定部分），并对第二版纲要进行了编制，形成了《食品及补充剂中潜在有毒植物纲要》，该纲要对产品或物质的法律分类不具有法律或监管效力。

引　言

自 2005 年 8 月起，欧洲食品安全局科学委员会致力于编制与人类健康有关的植物纲要，这项工作是与欧盟成员国咨询论坛代表合作进行的。2009 年 4 月，欧洲食品安全局发布了《据报含有毒、成瘾、精神活性或其他可能与健康相关物质的植物纲要》。2010 年 1 月至 2012 年 2 月，科学委员会充分考虑了出现在至少一个欧洲成员国负面植物清单上或限制使用的植物（如最高剂量水平或仅允许使用的特定部分），并对第二版纲要进行了编制，形成了《食品及补充剂中潜在有毒植物纲要》（以下简称《纲要》）。《纲要》旨在标明所列植物中可能对人类健康产生危害的植物、部位或天然含有的化合物，通过危害识别，指导对作为食品补充剂的植物和植物性制剂进行安全评估。需要强调的是，特定植物中存在一种相关物质并不一定代表植物制剂中也存在这种物质，如果存在，则表示其剂量会引起健康问题。《纲要》中未列出的植物种类不代表该植物种类中不存在对人类健康有害的化合物。同样，《纲要》中未提到的植物某一特定部位并不意味着该部位中不存在有害的化合物。《纲要》对产品或物质的法律分类不具有法律或监管效力。

目　　录

1 背　景

2009 年 9 月，欧洲食品安全局科学委员会发布了一份指导性文件，用于指导对作为食品补充剂的植物和植物性制剂进行安全评估，该文件明确了开展此类安全评估所需的数据，同时还提出了一种基于现有知识水平对特定植物及所包含成分的双层科学评估方法。此外，欧洲食品安全局还与欧盟成员国合作，建立了一个大型的数据库，汇集了大量植物和植物制剂的现有文献数据和其他信息，据报告，这些植物和植物制剂含有一些物质，这些物质在用于食品或食品补充剂时可能会引起健康问题。

《食品及补充剂中潜在有毒植物纲要》（以下简称《纲要》）归纳了约 900 个植物条目，确定了每一个条目的学名、科名、含有相关化合物的植物部位、相关化学物质、与安全评估相关的参考文献。

《纲要》编制的目的是帮助负责评估食品补充剂中特定成分的风险评估员更容易确定需要重点评估的物质，进而利用上述指南文件评估相关植物制剂是否安全。

1.1 前　言

2004 年 6 月，欧洲食品安全局科学委员会发布了一份文件，讨论了广泛用于食品补充剂和相关产品的植物和植物制剂，并表达了对其质量安全问题的关注，文件表示有必要更好地界定市场上的产品范围，从而协调风险评估和消费者信息。该文件引起了欧盟成员国咨询论坛代表的注意，他们确认了该文件所讨论的问题对国家的重要性。因此，欧洲食品安全局于 2005 年 8 月授权其科学委员会为植物和植物制剂的安全性评估制定了一份指南，并编制一份植物中可能危害人类健康的化合物纲要。2008 年 6 月，欧洲食品安全局在其网站上发布了指南和纲要的第一版文件。

2008 年 5 月起，欧洲食品安全局科学委员会与欧盟成员国咨询论坛代表合作，开展了《纲要》的进一步编制工作，2009 年 4 月欧洲食品安全局发布了《据报含有毒、成瘾、精神活性或其他可能与健康相关物质的植物纲要》。作为一项后续工作，科学委员会将其工作扩展到分析欧盟各成员国的官方正面和负面植物清单。科学委员会特别使用了欧洲自助药业协会（Association of the European Self Medication Industry，AESGP）编写的概述（2007 年），特别关注出现在至少一个欧洲成员国负面植物清单上或限制使用的植物（如最高剂量水平或仅允许使用的特定部分）。为找到最新的数据，科学委员会检索了不同的资料来源，如教科书、同行评议的科学论文和多个数据库。2012 年，纲要第二版即《食品及补充剂中潜在有毒植物纲要》发布。该《纲要》中，在潜在相关物质或不良影响资料不足或现有资料无法核实的情况下，已将相关植物种类列入随附的“资料不足”清单

(附录 A)。如果有一些可用数据，但科学委员会无法确定相关物质等原因，则将植物种类列入另一份随附清单（附录 B)。必须强调的是，考虑指南中描述的植物和植物制剂的风险评估方法，附录 B 不可作为食品补充剂的“安全药用植物”清单，因为《纲要》仅以非详尽的方式识别了潜在危害，而并未进行风险评估。

1.2 法律声明

本纲要对于是否适合欧洲食品开发不作任何判断。本纲要是欧洲食品安全局为协调评估食品中植物和植物制剂是否安全的方法而进行的编制工作的组成部分。本纲要不具有法律或监管效力，在任何有关产品或物质法律分类的分歧或争议中，不得作为支持或相关证据。

1.3 《纲要》编制目的

本纲要旨在标明所列植物中可能对人类健康产生危害的植物、植物部位或天然含有的化合物，通过危害识别，指导对作为食品补充剂的植物和植物性制剂进行安全评估。因此，在评估含有这些植物成分的产品安全性时需要特别注意。需要强调的是，特定植物中存在一种相关物质并不一定代表植物制剂中也存在这种物质，如果存在，则表示其剂量会引起健康问题，而这在很大程度上取决于所使用的植物部位、制备方法和使用条件。对于《纲要》中标记的一些化合物，目前已确定了基于健康的指导值［如每日允许摄入量（ADI）］，但在本纲要中并未提及。本纲要不涉及植物性物质之间的潜在协同作用或拮抗作用，也不涉及评估安全性时可能需要考虑的与其他产品的相互作用。

1.4 《纲要》编制结构

《纲要》包含以下具体信息。

表格第一列中描述了学名，主要以 Kew 分类学数据库作为参考，在 Kew 分类学数据库中未找到的相关信息，则使用了 ARSGRIN 数据库。括号中还列出了常用的同义词，在该列中，当有证据表明该属的几个物种含有同一组相关分子时，就会提到整个属。一些欧盟成员国在植物清单中列出了真菌，尽管它们不属于植物这一范畴。科学委员会决定扩展《纲要》范围，将真菌也纳入其中。

表格第二列中给出了植物科名。在许多情况下，某一科植物中含有类似的化合物。因此，了解植物科名为其他种类植物中可能存在类似的化合物提供了一些提示。

表格第三列描述了据报含有相关化合物的植物部位。

表格第四列给出了主要相关化合物及其所属的化学类别。如果存在可用的剂量信息时，也会列出该信息。本列留空表明无法查到相关物质，但存在不良影响信息。本《纲要》的目的并非是列出某一植物中存在的所有生物活性物质。

表格第五列是在文献中发现的不良健康影响的信息，但这些信息与第四列中列出的化合物无关。在某些情况下，也提供了有关成分的信息。

《纲要》中未列出的植物种类不可解释为该植物种类中不存在对人类健康有害的化合物。同样，《纲要》中未提到的植物某一特定部位并不意味着该部位中不存在有害的化合物。某一植物种类未出现在《纲要》中的主要原因如下：

- 该植物种类未出现在任何被考虑的国家清单中。
- 在没有或资料不足的情况下，将植物在附录 A 中列出。
- 有可用数据，但并未发现相关或不良影响物质的迹象，该植物在附录 B 中列出。

1.5 建 议

科学委员会强调《纲要》是一份动态文件，定期更新。《纲要》广泛接纳各方意见和相关评论。科学委员会建议，作为一项后续工作，对附录 A 和附录 B 所列的植物种类应进行系统的文献审查。

2 蔷薇亚纲潜在有毒植物纲要

2.1 蔷薇目

植物学名	科名	可能涉及的植物部位	相关化学物质	鉴定物质外的毒副作用
蔷薇科				
扁桃 *Amygdalus communis* L. [*Prunus amygdalus* Batsch, *P. dulcis* (Mill.) D. A. Webb.]	蔷薇科	种子	生氰糖苷：如洋李苷 [氰化氢（HCN）当量 300~3 400 mg/kg）	—
苦苏 *Brayera anthelmintica* Kunth. (*Hagenia abyssinica* J. F. Gmel.)	蔷薇科	花	间苯三酚衍生物：苦苏毒素、原苦苏素、苦苏苦素（α-、β-）	可导致人类视觉缺陷和视网膜毒性
皱皮木瓜 *Chaenomeles speciosa* Nakai.	蔷薇科	种子	生氰糖苷	—
沼委陵菜 *Comarum palustre* L.	蔷薇科	根	单宁	单宁含量高，摄入高剂量的单宁酸会引发肝毒性
栒子属 *Cotoneaster* spp.	蔷薇科	全株	该属可能含有生氰糖苷：如树皮含洋李苷；果实含苦杏仁苷和洋李苷	—
枇杷 *Eriobotrya japonica* (Thunb.) Lindl.	蔷薇科	叶子和种子	生氰糖苷：苦杏仁苷 0.06%	—
洋委陵菜 *Potentilla erecta* (L.) Raeusch.	蔷薇科	全株	单宁含量 15%~20%	高剂量长期使用水解单宁可对肝脏造成不良影响
匍匐委陵菜 *Potentilla reptans* L.	蔷薇科	全株	单宁含量 6%~12%	高剂量长期使用水解单宁可对肝脏造成不良影响

（续表）

植物学名	科名	可能涉及的植物部位	相关化学物质	鉴定物质外的毒副作用
李属 *Prunus* spp.	蔷薇科	果实、叶子和种子	该属含有生氰糖苷：如苦杏仁苷、洋李苷	野生黑樱桃（叶子和树皮）对猪会产生致畸效应
皂树 *Quillaja saponaria* Molina.	蔷薇科	树皮	草酸钙（11%）、三萜皂苷（皂树属苷）	—
覆盆子 *Rubus idaeus* L.	蔷薇科	叶子	—	大鼠自妊娠初期至分娩饲喂给药后，妊娠期延长。雌性子代（F_1）表现为性早熟，其子代（F_2）发育明显受限
苦苏花 *Hagenia abyssinica* J. F. Gmel. See *Brayera anthelmintica* Kunth.	蔷薇科	—	—	—
豆科				
合欢树 *Albizia julibrissin* Durazz.	豆科	种子	—	种子含有未知的神经毒素
阿拉豆 *Anadenanthera* spp.	豆科	树皮和种子	该属可能含有吲哚胺，如蟾毒色胺和 β-咔啉	—
臭豆 *Anagyris foetida* L.	豆科	叶子	双稠哌啶类生物碱：如金雀花碱和臭豆碱	—
甘蓝豆 *Andira inermis*（W. Wright）Kunth.	豆科	树皮	异喹啉类生物碱：如黄连素；异黄酮衍生物：如鹰嘴豆素-A、毛蕊异黄酮和染料木黄酮	—
黄耆属 *Astragalus* spp.	豆科	全株	该属可能含有多羟基吲哚苯胺生物碱，如苦马豆素	在斑荚黄芪和东亚黄芪中发现了苦马豆素，但关于苦马豆素是自身合成，还是由内生埃里格孢属产生的，目前尚无定论 三角牡丹和西黄芪对家畜的中枢神经系统有毒害作用，可导致死亡。斑荚黄芪和软毛黄芪对怀孕期间牲畜有毒性作用，会导致流产和胎儿心功能异常

（续表）

植物学名	科名	可能涉及的植物部位	相关化学物质	鉴定物质外的毒副作用
南方赛靛 *Baptisia* spp.	豆科	地上部	该属可能含有双稠哌啶类生物碱，如野靛碱、N-甲基野靛碱和臭豆碱	—
红高颗 *Butea superba* Roxb.	豆科	根	—	以干块茎粉 10 mg/kg、150 mg/kg 和 200 mg/kg 体重的剂量饲喂雄性大鼠 90 d，睾丸激素水平降低，对雄性去睾丸大鼠和雌性去卵巢大鼠黄体生成素水平产生影响
树锦鸡儿 *Caragana arborescens* Lam.	豆科	种子	凝集素	—
鱼鳔槐 *Colutea arborescens* L.	豆科	叶子和种子	双稠哌啶类生物碱：如野靛碱；非蛋白氨基酸：L-刀豆氨酸（5%）	—
柯拜巴脂 *Copaifera officinalis* (Jacq.) L.	豆科	树皮	—	树皮油树脂中含有化学上未定义的二萜
蝎尾小冠花 *Coronilla scorpioides* Koch.	豆科	全株	强心甾（如西加小冠花苷）和糖苷配基	—
绣球小冠花 *Coronilla varia* L.	豆科	全株	种子含卡烯内酯苷，如西加小冠花苷；植物其他部分（除种子）含硝基丙酸衍生物	—
猪屎豆属 *Crotalaria* spp.	豆科	地上部	该属可能含有不饱和吡咯里西啶生物碱	—
金雀儿属 *Cytisus* spp.	豆科	全株	该属可能含有双稠哌啶类生物碱，如野靛碱	—
鱼藤属 *Derris* spp.	豆科	根	该属可能含有类鱼藤酮，如鱼藤酮	—
山蚂蝗属 *Desmodium* spp.	豆科	全株	该属可能含有色胺衍生物，如 5-甲氧基-二甲基色胺和 5-羟基-二甲基色胺（蟾毒色胺）	—
香豆树 *Dipteryx odorata* (Aubl.) Willd.	豆科	种子	戊烷/二氯甲烷提取物含香豆素 3.6 g/kg、樟脑>1 mg/kg；甲醇提取物含香豆素 23~25 g/kg	—

（续表）

植物学名	科名	可能涉及的植物部位	相关化学物质	鉴定物质外的毒副作用
刺桐属 *Erythrina* spp.	豆科	地上部	该属可能含有苄基四氢异喹啉类生物碱，如刺桐灵碱、刺桐定碱	—
几内亚格木 *Erythrophleum suaveolens* (Guill. & Perr.) Brenan	豆科	树皮和种子	二萜酰胺：如卡洒因	—
山羊豆 *Galega officinalis* L.	豆科	地上部	盐酸胍衍生物：如山羊豆碱（植株含 0.1% ~ 0.3%，种子含 0.5%）、鸭嘴花碱	—
染料木 *Genista tinctoria* L.	豆科	地上部	双稠哌啶类生物碱：如臭豆碱、野靛碱（0.7% ~ 0.8%）、鹰爪豆碱、白羽扇豆碱、羽扇豆碱	—
大豆 *Glycine max* (L.) Merr.	豆科	种子	大豆凝集素、蛋白酶抑制剂和其他毒蛋白	—
光果甘草 *Glycyrrhiza* glabra L.	豆科	根	苯丙素类化合物：如甲基胡椒酚（未定量）以及三萜皂苷	—
甘草 *Glycyrrhiza uralensis* Fisch. ex DC.	豆科	根	三萜皂苷	—
非洲加纳籽 *Griffonia simplicifolia* (M. Vahl ex DC.) Baill.	豆科	种子	羟基色氨酸衍生物	—
苏格兰金链树 *Laburnum anagyroides* Medik. (*Laburnum vulgare* J. Presl., *Cytisus laburnum* L.)	豆科	全株	双稠哌啶类生物碱：如野靛碱	—
家山黧豆 *Lathyrus sativus* L.	豆科	种子	氨基酸：如 β-N-草酰-α、β-二胺基丙酸（β-ODAP）、L-丙氨酸（BOAA）	—
斑点薄荚豆 *Lonchocarpus* spp.	豆科	根	该属含有卡多内酯糖苷，如福寿草毒苷	—
羽扇豆属 *Lupinus* spp.	豆科	种子	该属可能含有双稠哌啶类生物碱：如臭豆碱	—

（续表）

植物学名	科名	可能涉及的植物部位	相关化学物质	鉴定物质外的毒副作用
紫花苜蓿 *Medicago sativa* L.	豆科	地上部和种子	种子含吡咯烷类生物碱：如水苏碱（0.18%）、高水苏碱；芳香族硝基衍生物：如葫芦巴碱（0.36%）	—
草木樨属 *Melilotus* spp.	豆科	地上部	该属可能含有香豆素苷（如草木樨苷）	香豆素经干燥后可由草木樨苷形成，最高达0.4%～0.9%，如黄香草木樨花顶部干燥后，香豆素含量达到4 mg/g，干燥不当会产生二羟香豆素，这是香豆素的真菌代谢物，可引起止血功能障碍
含羞草属 *Mimosa* spp.	豆科	地上部	该属种子中可能含有非蛋白氨基酸，如含羞草素	细花含羞草具有致畸作用
刺毛黧豆 *Mucuna pruriens* (L.) DC.	豆科	全株	种子含有毒氨基酸：L-多巴胺（3.6%～8.4%）；吲哚类生物碱：如N,N-二甲基色胺、蟾毒色胺、5-甲氧基-N,N-二甲基色胺	—
小菜豆 *Phaseolus lunatus* L.	豆科	种子	生氰糖苷：亚麻苦苷（种子含HCN当量100～3 000 mg/kg），以及凝集素	—
菜豆 *Phaseolus vulgaris* L.	豆科	种子	生氰糖苷：亚麻苦苷（20 mg/kg）及凝集素	—
毒扁豆 *Physostigma venenosum* Balf.	豆科	种子	吲哚类生物碱：如毒扁豆碱	—
毒鱼豆 *Piscidia piscipula* (L.) Sarg. (*P. erythrina* L.)	豆科	根	类鱼藤酮：如鱼藤酮	—
补骨脂属 *Psoralea* spp.	豆科	果实和种子	该属含有呋喃香豆素：补骨脂素	—
野葛根 *Pueraria candollei* Benth. var. *mirifica* (Airy Shaw & Suvat.) Niyomdham (*Pueraria mirifica* Airy Shaw & Suvat.)	豆科	块茎	异黄酮：葛雌素、脱氧微雌醇、大豆苷元、染料木素等	白色野葛根提取物可引发细胞较高频率的微核新食品目录：未授权用于食品或食品补充剂

（续表）

植物学名	科名	可能涉及的植物部位	相关化学物质	鉴定物质外的毒副作用
鹿霍属 *Rhynchosia* spp.	豆科	根	—	鹿藿根的水提物和乙酸乙酯提取物对大鼠和小鼠的妊娠和繁殖具有不良影响
刺槐 *Robinia pseudoacacia* L.	豆科	全株	毒蛋白：如泽漆皂苷	—
田菁属 *Sesbania* spp.	豆科	全株	该属种子含有毒氨基酸：如 L-刀豆氨酸	田菁酰胺可引起腹泻和中枢神经系统抑制
槐 *Sophora japonica* L. [Styphnolobium japonicum (*L.*) *Schott.*]	豆科	果实和种子	种子含双稠哌啶类生物碱：如野靛碱、N-甲基-野靛碱、苦参碱、金雀花碱	果实具有促流产作用
侧花槐 *Sophora secundiflora* (Ortega) Lag. ex DC.	豆科	种子	双稠哌啶类生物碱：如野靛碱（0.25%）、N-甲基野靛碱、臭豆碱、脱氢羽扇豆烷宁	—
越南槐 *Sophora tonkinensis* Gagnepain.	豆科	根	双稠哌啶类生物碱：如野靛碱、甲基野靛碱	—
鹰爪豆 *Spartium junceum* L.	豆科	全株	双稠哌啶类生物碱：如野靛碱、鹰爪豆碱	—
灰毛豆属 *Tephrosia* spp.	豆科	全株	该属含有类鱼藤酮，如鱼藤酮	—
披针叶野决明 *Thermopsis lanceolata* R.Br.	豆科	花和种子	双稠哌啶类生物碱：如金雀花碱、黄华碱、臭豆碱	—
柯桠粉 *Vataireopsis araroba* (Aguiar) Ducke (*Andira araroba* Aguiar)	豆科	木料	羟基蒽醌：如柯桠素	—
多花紫藤 *Wisteria floribunda* (Willd.) DC.	豆科	全株	凝集素	—
紫藤 *Wisteria sinensis* (Sims) DC.	豆科	全株	凝集素	—

（续表）

植物学名	科名	可能涉及的植物部位	相关化学物质	鉴定物质外的毒副作用
白色野葛根 *Pueraria mirifica* Airy Shaw & Suvat. 参见 *Pueraria candollei* Benth. var. *mirifica* (Airy Shaw & Suvat.) Niyomdham.	豆科	—	—	—
鼠李科				
鼠李属 *Rhamnus* spp.	鼠李科	树皮和果实	该属含有羟基蒽醌衍生物	果实含有毒神经物质（主要是一些蒽二聚物的非对映异构体或环烷衍生物的蒽）
金缕梅科				
北美金缕梅 *Hamamelis virginiana* L.	金缕梅科	树皮和叶子	新鲜叶子精油含苯丙素类化合物，如黄樟素（精油中最高含量达 0.2%）	树叶和树皮中单宁最高含量达 10%。如果高剂量和长期使用水解单宁可对肝脏造成不良影响

2.2 龙胆目

植物学名	科名	可能涉及的植物部位	相关化学物质	鉴定物质外的毒副作用
夹竹桃科				
长药花属 *Acokanthera* spp.	夹竹桃科	全株	该属可能含有卡烯内酯苷，如哇巴因	—
沙漠蔷薇 *Adenium* spp.	夹竹桃科	根和茎（乳胶）、种子	该属可能含有卡烯内酯苷	—
软枝黄蝉 *Allamanda cathartica* L.	夹竹桃科	全株	环烯醚萜内酯：如黄蝉花定	泻下作用（乳胶）
鸡骨常山属 *Alstonia* spp.	夹竹桃科	树皮和叶子	该属可能含有单萜吲哚类生物碱，如鸡骨常山碱、鸭脚木定、鸭脚树叶碱	—
罗布麻属 *Apocynum* spp.	夹竹桃科	全株	该属可能含有卡烯内酯苷和糖苷配基，如罗布麻苷、毒毛旋花苷配基	—
叙利亚马利筋 *Asclepias syriaca* L.	夹竹桃科	根茎	乳胶含卡烯内酯苷，如马利筋苷	—

（续表）

植物学名	科名	可能涉及的植物部位	相关化学物质	鉴定物质外的毒副作用
柳叶马利筋 *Asclepias tuberosa* L.	夹竹桃科	根茎	乳胶含卡烯内酯苷，如马利筋苷	—
白坚木属 *Aspidosperma quebracho-blanco* Schltdl.	夹竹桃科	树皮和木料	树皮含吲哚类生物碱（0.3%～1.5%），如白坚木碱（30%）、白雀碱（育亨宾）（10%）等	—
毛白坚木 *Aspidosperma tomentosum* Mart.	夹竹桃科	树皮和木料	吲哚类生物碱：如白坚木碱、白雀碱（育亨宾）	—
牛角瓜属 *Calotropis* spp.	夹竹桃科	全株	该属可能含有卡烯内酯苷和甾族化合物，如孕烷酮	—
长春花属 *Catharanthus* spp.	夹竹桃科	全株	该属植物叶子含有吲哚类生物碱，如文朵灵、长春碱（单吲哚）、长春花碱、长春新碱、异长春碱（双吲哚）、阿吗碱、阿枯明（二氢吲哚）	—
桉叶藤属 *Cryptostegia* spp.	夹竹桃科	全株	该属可能含有卡烯内酯苷，如苷元 3-鼠李糖苷；苷配基：如羟基洋地黄毒苷元、16-去氢芰毒苷元、16-丙酰芰毒苷元	—
天竺葵 *Geissospermum vellosii* Allem.	夹竹桃科	树皮	吲哚类生物碱和 β-咔啉生物碱：如缝籽碱、黄佩瑞任、维洛辛碱、缝籽木早灵	—
止泻木 *Holarrhena antidysenterica* Wall. ex A. DC.	夹竹桃科	树皮、根和种子	甾族生物碱：如康里新、异康里西明、克杞辛等	—
蝴蝶亚仙人掌 *Hoodia gordonii* (Masson) Decne.	夹竹桃科	全株	氧孕烷甾体糖苷，头孢菌素 A-B	在新食品目录中被列为新型食品
南美牛奶藤 *Marsdenia cundurango* Rchb. f.	夹竹桃科	茎皮	树皮含甾体皂苷混合物：牛奶藤苷（A……E）；精油含香豆素	—
蒙迪藤 *Mondia whitei* (Hook. f.) Skeels.	夹竹桃科	全株	根：氯化香豆木脂素；酚类：2-羟基-4-甲氧苯甲醛	口服根部对雄性大鼠有雄激素作用
桃属 *Nerium* spp.	夹竹桃科	全株	该属可能含有卡多内酯糖苷，如夹竹桃苷	—

（续表）

植物学名	科名	可能涉及的植物部位	相关化学物质	鉴定物质外的毒副作用
玫瑰树属 *Ochrosia* spp.	夹竹桃科	地上部	该属可能含有吲哚类生物碱，如玫瑰树碱等	—
萝芙木属 *Rauvolfia* spp.	夹竹桃科	全株	该属含有吲哚类生物碱，如利血平、蛇根碱、育亨宾、阿吗碱	—
阿格尔 *Solenostemma argel* (Delile) Hayne.	夹竹桃科	叶和茎	叶含孕烷酯苷	乳胶具有泻下作用
羊角拗属 *Strophanthus* spp.	夹竹桃科	种子	该属含有卡烯内酯苷：如乌本苷；苷配基：如毒毛旋花苷配基	—
伊波加 *Tabernanthe iboga* Baill.	夹竹桃科	全株	吲哚类生物碱：如伊博格碱	—
黄花夹竹桃属 *Thevetia* spp.	夹竹桃科	全株	该属含有卡烯内酯苷及其苷配基：如黄花夹竹桃苷	—
印度娃儿藤 *Tylophora indica* Merr. (*T.asthmatica* Wight.& Arn., *Cynanchum indicum* Burm. f.)	夹竹桃科	叶和根	双稠哌啶类生物碱：如异娃儿藤碱、娃儿藤碱、娃儿藤宁碱	—
蔓长春花属 *Vinca* spp.	夹竹桃科	全株	该属含有吲哚生物碱，如长春蔓胺	—
催吐白前 *Vincetoxicum hirundinaria* Medik. [*V.officinale* Moench, *Cynanchum vincetoxicum* (L.) Pers.]	夹竹桃科	全株	全株含异喹啉类生物碱；根含催吐白前苷类似物；地上部含氮杂菲并吲哚里西啶生物碱	—
黑白前 *Vincetoxicum nigrum* Moench. (*Asclepias vincetoxicum* L.)	夹竹桃科	全株	氮杂菲并吲哚里西啶生物碱：如（-）-安托芬	—
马铃果属 *Voacanga* spp.	夹竹桃科	树皮和根	该属含有吲哚类生物碱，如冠狗牙花定碱、伏康京碱、榴花碱	—
乌扎拉 *Xysmalobium undulatum* (L.) R. Br.	夹竹桃科	根	强心甾（槐糖苷化学型）：如乌扎拉苷	—

（续表）

植物学名	科名	可能涉及的植物部位	相关化学物质	鉴定物质外的毒副作用
萝芙木属 *Rauvolfia* spp.	夹竹桃科	全株	该属含有吲哚生物碱：如利血平、蛇根碱、育亨宾、阿吗碱	—
马钱科				
翅子草属 *Spigelia* spp.	马钱科	地上部	该属含有猕猴桃碱型单萜生物碱和二萜生物碱（如驱虫草碱、驱虫草素）	—
马钱属 *Strychnos* spp.	马钱科	果实和种子	该属种子含有吲哚类生物碱（如番木鳖碱）和/或双苄基异喹啉类生物碱（如氯化筒箭毒碱）	—
茜草科				
头九节属 *Cephaelis* spp.	茜草科	根	该属植物含有异喹啉单萜生物碱（2.0%～3.5%）：如吐根碱、吐根碱、九节碱、吐根胺	—
金鸡纳树属 *Cinchona* spp.	茜草科	树皮	该属可能含有喹啉生物碱：如金鸡纳碱、奎尼丁、辛可宁、金鸡纳啶	—
小果咖啡 *Coffea arabica* L. (*Coffea vulgaris* Moench.)	茜草科	种子（豆）	甲基黄嘌呤衍生物：咖啡因 绿咖啡豆：干基 0.8%～1.4%咖啡因	—
中果咖啡 *Coffea canephora* Pierre ex Froehner (*Coffea robusta* Lind. ex De Wild)	茜草科	种子（豆）	甲基黄嘌呤衍生物：咖啡因 绿咖啡豆：干基 1.7%～4.0%咖啡因	与阿拉比卡咖啡相比，罗布斯塔咖啡的咖啡因含量略高（高达50%）
柯楠属 *Corynanthe* spp.	茜草科	树皮	该属可能含有育亨宾生物碱：如柯楠辛碱、育亨宾	—
香猪殃殃 *Galium odoratum* (L.) Scop. (*Asperula odorata* L.)	茜草科	地上部	香豆素（干基 0.7%～1.7%）	干燥植物中香豆素：4月和5月为1.06%；8月为0.44%～0.93%
美丽帽柱木 *Mitragyna speciosa* Korth.	茜草科	全株	叶子含吲哚单萜生物碱：如帽柱木碱（占生物碱的2/3）和7-羟基帽柱木碱	—

（续表）

植物学名	科名	可能涉及的植物部位	相关化学物质	鉴定物质外的毒副作用
蛇舌草属 *Oldenlandia* spp.	茜草科	地上部	含硫环肽类化合物丰富	—
育亨宾树 *Pausinystalia johimbe* (K. Schum.) Pierre ex Beille (*Corynanthe johimbe* K.Schum.)	茜草科	全株	树皮含吲哚类生物碱：如育亨宾、α-育亨宾、β-育亨宾、δ-育亨宾、柯喃因、柯楠因碱、二氢柯楠因、伪育亨宾和四氢甲基喹啉	—
绿九节 *Psychotria viridis* Ruiz. et Pav.	茜草科	全株	吲哚类生物碱：如 N,N-二甲基色胺	—
茜草 *Rubia cordifolia* L.	茜草科	根	1,3-二羟基-2-羟甲基-9,10-蒽醌；光泽汀	—
染色茜草 *Rubia tinctorum* L.	茜草科	根	1,3-二羟基-2-羟甲基-9,10-蒽醌；光泽汀	—
吐根 *Carapichea ipecacuanha* (Brot.) L.Andersson See *Cephaelis* spp.	茜草科	—	—	—

2.3 毛茛目

植物学名	科名	可能涉及的植物部位	相关化学物质	鉴定物质外的毒副作用
毛茛科				
乌头属 *Aconitum* spp.	毛茛科	全株	该属可能含有二萜生物碱：如乌头碱、次乌头碱、新乌头碱	—
类叶升麻 *Actaea spicata* L.	毛茛科	全株	苄基异喹啉生物碱：如木兰花碱、紫堇块茎碱	—
侧金盏花属 *Adonis* spp.	毛茛科	全株	该属可能含有卡烯内酯苷：如福寿草毒苷	—
银莲花属 *Anemone* spp.	毛茛科	地上部	该属可能含有内酯：如原白头翁素	原白头翁素只存在于新鲜的草本植物中
耧斗菜属 *Aquilegia vulgaris* L.	毛茛科	全株	生氰糖苷	—
驴蹄草 *Caltha palustris* L.	毛茛科	全株	内酯：如原白头翁素	原白头翁素只存在于新鲜的草本植物中

（续表）

植物学名	科名	可能涉及的植物部位	相关化学物质	鉴定物质外的毒副作用
总状升麻 *Cimicifuga racemosa* (L.) Nutt. (*Cimicifuga serpentaria* Pursh, *Actaea racemosa* L.)	毛茛科	全株	—	正在审查草药的肝毒性
铁线莲属 *Clematis* spp.	毛茛科	全株	该属可能含有内酯，如新鲜草本植物含原白头翁素和毛茛素（前体）	原白头翁素只存在于新鲜的草本植物中
黄连属 *Coptis* spp.	毛茛科	全株	该属可能含有异喹啉生物碱：如小檗碱、人血草碱、黄连碱	—
翠雀属 *Delphinium* spp.	毛茛科	全株	该属可能含有二萜生物碱：如洋翠雀碱、翠雀花碱、飞燕草碱、甲基牛扁碱	—
冬菟葵 *Eranthis hyemalis* (L.) Salisb.	毛茛科	根	—	—
铁筷子属 *Helleborus* spp.	毛茛科	地上部	该属可能含有卡烯内酯苷：蟾皮二烯内酯（如嚏根草苷）	—
雪割草 *Hepatica nobilis* Schreb. (*Anemone hepatica* L.)	毛茛科	地上部	不饱和内酯：原白头翁素	原白头翁素只存在于新鲜的草本植物中
金印草 *Hydrastis canadensis* L.	毛茛科	全株	异喹啉类生物碱：如白毛茛碱、黄连素	—
黑种草 *Nigella damascena* L.	毛茛科	种子	生物碱：如大马酮	—
黑孜然 *Nigella sativa* L.	毛茛科	种子	异喹啉类生物碱：如黑种草胺	种子精油含百里香醌（3.8 %）
白头翁 *Pulsatilla pratensis* Mill.	毛茛科	地上部	不饱和内酯：原白头翁素	原白头翁素只存在于新鲜的草本植物中
西洋白头翁 *Pulsatilla vulgaris* Mill. (*Anemona pulsatilla* L.)	毛茛科	地上部	不饱和内酯：原白头翁素	原白头翁素只存在于新鲜的草本植物中
毛茛属 *Ranunculus* spp.	毛茛科	全株	不饱和内酯：原白头翁素	原白头翁素只存在于新鲜的草本植物中
欧洲金莲花 *Trollius europaeus* L.	毛茛科	全株	不饱和内酯：原白头翁素	原白头翁素只存在于新鲜的草本植物中

（续表）

植物学名	科名	可能涉及的植物部位	相关化学物质	鉴定物质外的毒副作用
防己科				
印防己 *Anamirta paniculata* Colebr. [*A. cocculus* (L.) Wight & Arn.]	防己科	果实和种子	倍半萜内酯：如木防己苦毒素、木防己苦毒宁	—
谷树属 *Chondodendron* spp.	防己科	全株	该属植物含有异喹啉类生物碱：如（+）-筒箭毒碱；叔胺生物碱：如(-)-箭毒碱、(+)-异谷树碱、(+)-软骨箭毒素；叔双苄基异喹啉类生物碱：如月橘林	—
锡生藤 *Cissampelos pareira* L. (*Cocculus orbiculatus* DC.)	防己科	根和茎	异喹啉类生物碱：如锡生藤碱甲、海牙剔定碱；原喹啉生物碱：如美洲锡生藤碱 A 和 B；茎中含双苄基异喹啉类生物碱	—
木防己属 *Cocculus* spp.	防己科	果实	该属（如南蛇藤、木防己）可能含有多种生物碱，如双苄基四氢异喹啉生物碱（如粉防己碱）	—
秤钩风属 *Diploclisia* spp.	防己科	全株	该属可能含有异喹啉生物碱，如牛心果碱、巴婆碱、尖防己碱	—
非洲防己碱 *Jateorhiza palmata* (Lam.) Miers.	防己科	根	异喹啉类生物碱：如小檗碱、药根碱、非洲防己碱、药根碱	—
美国蝙蝠葛 *Menispermum canadense* L.	防己科	果实和根	异喹啉类生物碱	—
蝙蝠葛 *Menispermum dauricum* DC.	防己科	地上部	双苄基四氢异喹啉生物碱：如牛黄碱	—
汉防己 *Sinomenium acutum* (Thunb.) Rehder & E. H. Wilson.	防己科	全株	异喹啉生物碱（吗啡烷）：青藤碱	动物大剂量使用会引发惊厥
千金藤属 *Stephania* spp.	防己科	根	该属含有双苄基四氢异喹啉生物碱，如粉防己碱、防己诺林碱和/或莲花烷型生物碱：如汝南碱和千金藤素	—

（续表）

植物学名	科名	可能涉及的植物部位	相关化学物质	鉴定物质外的毒副作用
小檗科				
刺檗 *Berberis vulgaris* L.	小檗科	根	异喹啉类生物碱：如黄连素（0.5%～6%）、黄藤素、药根碱；双苄基异喹啉类生物碱：如檗胺、尖刺碱、异粉防己碱	—
蓝色升麻 *Caulophyllum thalictroides*（L.）Michx.（*Leontice thalictroides* L.）	小檗科	全株	双稠哌啶类生物碱：如叶子和果实含野靛碱、穿叶赝靛碱和N-甲基野靛碱	—
大花淫羊藿 *Epimedium grandiflorum* C. Morren.	小檗科	全株	黄酮苷：淫羊藿苷	在新食品目录中被列为新型食品
三枝九叶草 *Epimedium sagittatum*（Siebold & Zucc.）Maxim.	小檗科	全株	黄酮苷：淫羊藿苷（新鲜叶子：0.013%）	—
俄勒冈葡萄 *Mahonia aquifolium*（Pursh）Nutt.	小檗科	根和茎皮	异喹啉生物碱：如木兰花碱、异蒂巴因和异紫堇定碱、小檗碱、尖刺碱	—
鬼臼属 *Podophyllum* spp.	小檗科	根茎	该属可能含有环木脂体构成的鬼臼脂（3%～6%）：如鬼臼毒素、α和β叶鬼臼素及其衍生物	—
罂粟科				
球果紫堇 *Fumaria officinalis* L.	罂粟科	地上部	苄基异喹啉生物碱（原小檗碱类）：如原阿片碱（38%）、四氢表小檗碱、隐品碱、蓝堇亭和血根碱	—
蓟罂粟 *Argemone mexicana* L.	罂粟科	全株	异喹啉类生物碱：如原阿片碱、别隐品碱、血根碱	—
白屈菜 *Chelidonium majus* L.（*Chelidonium umbelliferum* Stokes.）	罂粟科	全株	苯菲里啶类生物碱（根中含有2%）：如白屈菜碱、白屈菜赤碱、血根碱、原阿片碱；原小檗碱衍生物：如小檗碱、人血草碱、黄连碱	—

（续表）

植物学名	科名	可能涉及的植物部位	相关化学物质	鉴定物质外的毒副作用
紫堇属 *Corydalis* spp.	罂粟科	全株	该属可能含有异喹啉生物碱：如球紫堇碱、紫堇碱、紫堇定、黄连碱、非洲防己碱、别隐品碱、原阿片碱、紫堇醚、海罂粟碱、紫堇定、球紫堇碱、紫堇碱、紫堇杷明碱、延胡索乙素、四氢小檗碱	—
荷包牡丹 *Dicentra spectabilis* (L.) Lem.	罂粟科	全株	异喹啉生物碱（地上部含 0.17%，根部含 0.25%）：如二氢血根碱、血根碱、斯氏紫堇碱、碎叶紫堇碱、紫堇定和原阿片碱	—
花菱草 *Eschscholzia californica* Cham.	罂粟科	地上部	异喹啉生物碱	异喹啉生物碱（干燥植物中含有 0.29%~0.38%）
红色角罂粟 *Glaucium corniculatum* (L.) Rudolph ssp. *refractum* (Nab) Cullen	罂粟科	地上部	异喹啉生物碱：如前荷包牡丹碱、白蓬草定、球紫堇碱（1.2%）、荷包牡丹碱（0.7%）、原阿片碱（0.42%）、紫堇定（<0.1%）、海罂粟碱（<0.1%）、α-别隐品碱（<0.1%）	—
黄海罂粟 *Glaucium flavum* Crantz.	罂粟科	全株	异喹啉生物碱（阿朴啡生物碱）：如海罂粟碱（从低于检出限到高于 3.6%）	—
绿绒蒿属 *Meconopsis* spp.	罂粟科	全株	该属可能含有异喹啉生物碱	—
罂粟属 *Papaver* spp.	罂粟科	全株	异喹啉生物碱：如吗啡、可待因、丽春花碱	—
紫花疆罂粟 *Roemeria hybrida* (L.) DC.	罂粟科	全株	β-咔啉生物碱	—
血根草 *Sanguinaria canadensis* L.	罂粟科	根茎和根	苄基异喹啉生物碱（原小檗碱类）：如血根碱、白屈菜赤（红）碱、黄连素、原阿片碱	—

（续表）

植物学名	科名	可能涉及的植物部位	相关化学物质	鉴定物质外的毒副作用
睡莲科				
欧亚萍蓬草 *Nuphar lutea*（L.）Sibth. & Sm.	睡莲科	根	倍半萜生物碱：如萍蓬碱、萍蓬草定碱、去氧萍蓬草碱	—
白睡莲 *Nymphaea alba* L. [*Castalia alba*（L.）Wood.，*Castalia speciosa* Salisb.]	睡莲科	花和根茎	倍半萜生物碱：如去氧萍蓬定、萍蓬草胺；含有倍半萜生物碱的二聚硫：如硫双萍蓬定及衍生物	—
齿叶睡莲 *Nymphaea lotus* L.	睡莲科	花和根茎	倍半萜生物碱：如萍蓬碱、睡莲碱	—
香睡莲 *Nymphaea odorata* Ait.	睡莲科	根茎	倍半萜生物碱：如萍蓬碱、睡莲碱	单宁含量为15%。如果高剂量长期使用水解单宁可对肝脏造成不良影响

2.4 石竹目

植物学名	科名	可能涉及的植物部位	相关化学物质	鉴定物质外的毒副作用
石竹科				
麦仙翁 *Agrostemma githago* L.	石竹科	种子	三萜皂苷：如麦仙翁苷（7%）、麦仙翁酸	—
香石竹 *Dianthus caryophyllus* L.	石竹科	地上部	三萜皂苷	—
治疝草 *Herniaria glabra* L.	石竹科	全株	三萜皂苷	整株植物的水提物具有抑制体重增加作用。高剂量具有肝肾毒性
肥皂草 *Saponaria officinalis* L.	石竹科	全株	三萜皂苷	—
苋科				
无叶假木贼 *Anabasis aphylla* L.	苋科	地上部	吡啶生物碱：如假木贼碱、N-甲基毒藜碱、假木贼胺和异尼古丁	—
藜 *Chenopodium album* L.	苋科	叶子	精油含超氧单萜：驱蛔萜（45%）	—

（续表）

植物学名	科名	可能涉及的植物部位	相关化学物质	鉴定物质外的毒副作用
土荆芥 *Chenopodium ambrosioides* L.var.*anthelminticum*（L.）A.Gray（*Chenopodium ambrosoides* L.）	苋科	地上部	精油含超氧单萜：驱蛔萜	—
川牛膝 *Cyathula officinalis* Kuan.	苋科	根	香豆素：如滨蒿内酯（6,7-二甲氧基香豆素）	皂苷可刺激子宫收缩，导致流产
土荆芥 *Dysphania ambrosioides*（L.）Mosyakin & Clemants（*Chenopodium ambrosioides* L.）	苋科	叶子和种子	叶子和未熟种子的精油含超氧单萜：如驱蛔萜（10%～70%，取决于植物来源）；苯丙素类化合物：如黄樟素	—
巴西人参 *Hebanthe eriantha*（Poir.）Pedersen［*Pfaffia paniculata*（Mart.）Kuntze，*Gomphrena paniculata*（Mart.）Moq.，H. *paniculata* Mart.］	苋科	根	—	向 100 ml 水加入 5 g 根粉末饲喂小鼠，雌鼠孕酮和 17β-雌二醇水平升高，雄鼠睾酮浓度升高
紫茉莉科				
黄细心 *Boerhavia diffusa* L.	紫茉莉科	全株	生物碱：黄细辛碱；类鱼藤酮	—
仙人掌科				
毛花柱属 *Trichocereus* spp.	仙人掌科	全株	苯乙胺生物碱：如三甲氧苯乙胺	—
乌羽玉 *Lophophora williamsii*（Salm-Dyck）J. M. Coult.（*Echinocactus williamsii* Lem. ex Salm Dyck，*Anhalonium lewinii* Hennings.）	仙人掌科	全株	苯乙胺生物碱：如三甲氧苯乙胺	—
茅膏菜科				
长叶茅膏菜 *Drosera anglica* Huds.	茅膏菜科	地上部	萘醌衍生物：如白花丹素	—
长柄茅膏菜 *Drosera intermedia* Hayne.	茅膏菜科	地上部	萘醌衍生物：如白花丹素	—
圆叶茅膏菜 *Drosera rotundifolia* L.	茅膏菜科	地上部	萘醌衍生物：如白花丹素	—

2.5 无患子目

植物学名	科名	可能涉及的植物部位	相关化学物质	鉴定物质外的毒副作用
无患子科				
倒地铃 *Cardiospermum halicacabum* L.	无患子科	叶子和种子	叶子含生氰糖苷	种子含有微量生物碱，但没有关于其性质的信息
瓜拿纳 *Paullinia cupana* Kunth.	无患子科	种子	甲基黄嘌呤衍生物：如咖啡因（干重3.0%~4.8%）；精油含苯丙素类化合物：如甲基胡椒酚、茴香脑	—
漆树科				
腰果 *Anacardium occidentale* L.	漆树科	叶子和果皮	链烯基苯酚：如槚如酸、腰果酚	—
盐肤木属 *Rhus* spp.	漆树科	地上部	该属可能含有漆酚	新鲜果实含有高含量单宁。如高剂量长期使用水解单宁可对肝脏造成不良影响
巴西胡椒木 *Schinus terebinthifolius* Raddi.	漆树科	树皮和茎	—	茎皮汤剂具有诱变作用
鸡腰肉托果 *Semecarpus anacardium* L. f.	漆树科	果实	酚酸：如漆树酸、漆酚Ⅲ	—
芸香科				
木橘 *Aegle marmelos*（L.）Corrêa.	芸香科	叶子	喹啉生物碱：如印枳碱、茵芋碱	叶的乙醇提取物对大鼠睾丸激素水平、精子生成和生育能力均呈剂量依赖性下降； 与对照组小鼠相比，口服1 g/kg体重（N=7）的干水提取物15 d可降低血清甲状腺激素T3水平，但不能降低T4水平
芸香 *Agathosma cerefolium* Bartl. & Wendl.	芸香科	叶子	精油含苯丙素类化合物：如甲基胡椒酚和茴香脑	—

（续表）

植物学名	科名	可能涉及的植物部位	相关化学物质	鉴定物质外的毒副作用
山布枯 *Barosma betulina* (Bergius) Bartl & H. L.Wendl. [*Agathosma betulina* (Bergius) Pillans.]	芸香科	叶子	精油含单萜酮：如（S）-(-)-长叶薄荷酮（3%-某些化学型最高可达70%）	—
香肉果 *Casimiroa edulis* Llave & Lex.	芸香科	叶子和种子	咪唑生物碱：如咖锡定	—
苦橙 *Citrus aurantium* L. (*C. aurantium* L. ssp. *amara* Engl., *C. aurantium* L. ssp. *sinensis* L., *C. aurantium* L. ssp. *aurantium* L, *C. aurantium var. dulcis Citrus aurantium var. Bergamia.*)	芸香科	地上部	精油含呋喃香豆素：如5-甲氧基补骨脂素（0.15%~0.87%）；未全熟果实含酪胺：辛弗林（2.28 mg/g）、果皮含辛弗（3.27mg/g）	—
柠檬 *Citrus limon* (L.) Burm. f. (*Citrus medica var. limon* L., *Citrus limonum* Risso.)	芸香科	果实、叶、皮和果肉	果皮：珊瑚菜素、5-和8-牻牛儿氧基补骨脂素；果皮精油：呋喃香豆素（补骨脂素）、5-甲氧基补骨脂素（香柑内酯）4~87 mg/kg、8-甲氧基补骨脂素（花椒毒素）、5,8-异虎耳草素、欧前胡素、氧化前胡素26~728 mg/kg	—
葡萄柚 *Citrus paradisi* Macfad. [*Citrus paradisi* Macf., *Citrus grandis* (L.) Osbeck *var. racemosa* (Roem.) B. C. Stone, *Citrus decumana* (L.)]	芸香科	果实、叶、皮和果肉	果皮精油含呋喃香豆素：如补骨脂素、5-花椒毒醇（佛手酚）、5-甲氧基补骨脂素（0.0005%~0.013%）、5-香叶草氧基补骨脂素（佛手柑素）	葡萄籽提取物季铵化合物（如苄索氯铵）
橘子 *Citrus reticulata* Blanco (*Citrus nobilis* Andr. non Lour.)	芸香科	树皮和果实	精油含呋喃香豆素：如8-甲氧基补骨脂素	—

（续表）

植物学名	科名	可能涉及的植物部位	相关化学物质	鉴定物质外的毒副作用
白藓 *Dictamnus albus* L.	芸香科	全株	叶子含呋喃香豆素（补骨脂素）：如香柑内酯、花椒毒素、葡萄内酯；叶子含呋喃喹啉生物碱：如合帕洛平、大叶桉亭、白鲜碱和γ-崖椒碱；叶子精油含苯丙素类化合物：甲基胡椒酚和反式茴香脑。根部含呋喃喹啉生物碱（0.04%～0.09%）：如白鲜碱（0.003%）、γ-崖椒碱（0.002%）等；根部精油含倍半萜内酯：如梣酮（1.2%）；根皮含呋喃喹啉生物碱：如白鲜碱（0.29%）、γ-崖椒碱（0.014%）；根部含呋喃喹啉生物碱：如白鲜碱、	—
白鲜 *Dictamnus dasycarpus* Turcz.	芸香科	全株	葫芦巴碱、茵芋碱（B-崖椒碱）、γ-崖椒碱、白鲜明碱、普拉迪斯碱。地上部分含呋喃香豆素：如补骨脂素、香柑内酯、花椒毒素	—
吴茱萸 *Evodia ruticarpa*（A. Juss.）Benth.［*Evodia rutaecarpa*（A. Juss.）Hook. f. ex Benth.］	芸香科	果实	吲哚-吡啶骈-喹唑啉生物碱：如吴茱萸碱、吴茱萸次碱	—
安古斯图拉树 *Galipea officinalis* Hancock［*Cusparia officinalis*（Hancock）Engl.］	芸香科	树皮和木料	四氢喹啉生物碱、喹啉生物碱、呋喃喹啉生物碱	—
关黄柏 *Phellodendron amurense* Rupr.	芸香科	树皮	异喹啉类生物碱：如黄连素（主要生物碱，高达8%）、软脂酸	—
毛果芸属 *Pilocarpus* spp.	芸香科	全株	该属可能含有咪唑生物碱：如毛果芸香碱、乙种毛果芸香碱、卡匹碱等	小叶毛果芸香因其毛果芸香碱含量高而闻名
枳 *Poncirus trifoliata*（L.）Raf.	芸香科	果实	吖啶酮生物碱：如5-羟基-去甲肾上腺素	—
芸香属 *Ruta* spp.	芸香科	全株	该属种子含呋喃喹啉生物碱：如白鲜碱；呋喃香豆素：香柑内酯	芸香地上部精油具有堕胎药作用（可能是因为其中含有甲基正壬酮）

（续表）

植物学名	科名	可能涉及的植物部位	相关化学物质	鉴定物质外的毒副作用
竹叶花椒 *Zanthoxylum alatum* Roxb.	芸香科	树皮和种子	呋喃香豆素：如香柑内酯、伞形花内酯；苯菲里啶类生物碱：如白屈菜赤碱和衍生物	—
美洲花椒 *Zanthoxylum americanum* Mill.	芸香科	树皮和种子	苄基异喹啉生物碱：如木兰花碱；苯菲里啶类生物碱：如白屈菜赤碱	木脂素：细辛脂素和芝麻素
刺椒 *Zanthoxylum clava-herculis* L.	芸香科	树皮和种子	苄基异喹啉生物碱：如木兰花碱；苯菲里啶类生物碱：如白屈菜赤碱	木脂素：细辛脂素和芝麻素
卫矛科				
巧茶 *Catha edulis*（Vahl）Forssk. ex Endl.	卫矛科	叶子	苯乙胺类化合物：如（-）-卡西酮（鲜嫩叶）；去甲伪麻黄碱（阿茶碱）和去甲麻黄碱（干燥和/或老叶）	—
东部火树 *Euonymus atropurpureus* Jacq.	卫矛科	全株	果实（种子）含强心苷及倍半萜生物碱（如卫矛羰碱、卫矛生碱、卫矛灵碱）	—
欧洲卫矛 *Euonymus europaeus* L.	卫矛科	全株	果实（种子）含强心苷及倍半萜生物碱（卫矛羰碱、卫矛生碱、卫矛灵碱）	—
塞内加尔裸实 *Gymnosporia senegalensis*（Lam.）Loes. [*Maytenus senegalensis*（Lam.）Exell]	卫矛科	根皮	—	根皮二氯甲烷提取物（脂质组分）可诱导人类白细胞微核的基因毒性效应
网状五层龙 *Salacia reticulata* Wight.	卫矛科	根	—	对妊娠有不良影响
楝科				
印度苦楝树（印度楝）*Azadirachta indica* A. Juss.（*Melia azadirachta* L.）	楝科	叶子和种子	—	在对雄性大鼠、小鼠、兔子和豚鼠进行的研究中发现，叶子水提物、核提取楝油和楝粕（核油提取后的固体残渣）均会导致其生育能力下降或不育（阻滞精子产生）。饲喂雌性大鼠楝油会导致不孕或流产，印楝提取物制成的女性避孕药在印度广泛使用

（续表）

植物学名	科名	可能涉及的植物部位	相关化学物质	鉴定物质外的毒副作用
驼峰楝属 *Guarea* spp.	楝科	种子	—	该属的种子和果实中含有致幻生物碱，树皮煎剂具有流产和催吐作用
苦楝 *Melia azedarach* L.	楝科	地上部	去甲三萜皂苷	—
苦木科				
臭椿 *Ailanthus altissima* (Mill.) Swingle.	苦木科	全株	单萜吲哚类生物碱：铁屎米酮、β-咔啉衍生物	—
鸦胆子 *Brucea javanica* (L.) Merr.	苦木科	树皮	苦木素类化合物	—
东革阿里 *Eurycoma longifolia* Jack.	苦木科	根	去甲三萜皂苷：苦木素类化合物如宽缨酮；吲哚生物碱：β-咔啉生物碱；单萜吲哚类生物碱：如铁屎米酮	—
美洲苦木 *Picramnia antidesma* Sw.	苦木科	未说明	蒽醌衍生物：如芦荟大黄素、芦荟大黄素蒽酮；替代羟基蒽醌：如蒽酮	—
苦木属 *Quassia* spp.	苦木科	木料	该属含有苦木素类化合物：如苦木素；吲哚生物碱：如β-咔啉生物碱、铁屎米酮	具有动物生殖毒性
白刺科				
骆驼逢 *Peganum harmala* L.	白刺科	全株	吲哚类生物碱（β-咔啉）：如骆驼蓬碱、哈马灵；喹啉类生物碱：如鸭嘴花碱、鸭嘴花酮碱	—

2.6 伞形目

植物学名	科名	可能涉及的植物部位	相关化学物质	鉴定物质外的毒副作用
伞形科				
毒欧芹 *Aethusa cynapium* L.	伞形科	地上部	聚乙炔衍生物：荷兰芹碱	—
大阿米芹 *Ammi majus* L.	伞形科	果实和叶子	呋喃香豆素：如5-甲氧基补骨脂素	—
阿米芹 *Ammi visnaga* Lam.	伞形科	地上部	呋喃并色酮类化合物：如呋喃并色酮、齿阿米素	—

（续表）

植物学名	科名	可能涉及的植物部位	相关化学物质	鉴定物质外的毒副作用
莳萝 *Anethum graveolens* L.	伞形科	全株	精油含苯丙素类化合物：如甲基胡椒酚	—
当归属 *Angelica* spp.	伞形科	果实和根	该属可能含有呋喃香豆素：如圆当归内酯、水合氧化前胡素和蛇床子素	—
葛缕子 *Carum carvi* L.	伞形科	果实	精油含单萜酮：如（S）-（+）-香芹酮（50%～65%）	—
毒芹属 *Cicuta* spp.	伞形科	全株	该属可能含有聚乙烯类化合物：如（-）-毒芹素	—
毒堇 *Conium maculatum* L.	伞形科	全株	哌啶生物碱：毒芹碱（幼果中含有3%；熟果中含有1%）。植物其他部位：γ-毒芹碱（比毒芹碱活性更强）	—
芫荽 *Coriandrum sativum* L.	伞形科	地上部	果实精油含双环单萜：樟脑（3%～9%）	—
海茴香 *Crithmum maritimum* L.	伞形科	叶子	精油含苯丙素类化合物：如甲基胡椒酚（3.4%）	—
孜然芹 *Cuminum cyminum* L.	伞形科	果实	果实精油含苯丙素类化合物：如甲基胡椒酚（30 mg/kg）；单萜二苯醚：1,8-桉叶素（0.2%～0.4%）	—
野胡萝卜 *Daucus carota* L.	伞形科	果实	精油含苯丙素类化合物：如顺甲基异丁香酚、甲基丁香酚、榄香素、β细辛脑	—
扁叶刺芹 *Eryngium campestre* L.	伞形科	地上部	新鲜草本植物精油（0.09%）含呋喃香豆素：如香柑内酯（果实中含有0.014%）	—
阿魏 *Ferula assa-foetida* L.	伞形科	根	倍半萜烯香豆素：如细辛香豆素A和B	—
赫蒙阿魏 *Ferula hermonis* Boiss.	伞形科	根和种子	根树脂提取物含胡萝卜烷倍半萜酯：如阿魏萜宁	提取物对小鼠具有生殖毒性和不育作用。 种子精油对大鼠的勃起功能有明显的增强作用；慢性给药引起毒性作用（体重下降、肝肿大和睾丸萎缩）

（续表）

植物学名	科名	可能涉及的植物部位	相关化学物质	鉴定物质外的毒副作用
茴香 *Foeniculum vulgare* Mill. [*Foeniculum vulgare* Mill. ssp. *piperitum* (Ucria) Coutinho.]	伞形科	地上部	地上部精油含苯丙素类化合物：如反式茴香脑、甲基胡椒酚（2.3%～4.9%）；未熟种子精油含甲基胡椒酚（11.9%～56.1%）成熟种子精油含甲基胡椒酚（61.8%）	—
土耳其茴香 *Foeniculum vulgare* Mill. ssp. *vulgare* var. vulgare.	伞形科	果实	地上部精油含苯丙素类化合物：如反式茴香脑、甲基胡椒酚；种子精油含甲基胡椒酚（3.5%～12%）	—
茴香 *Foeniculum vulgare* Mill. ssp. *vulgare* var. *dulce* (Mill.) Batt. & Trab.	伞形科	果实	种子精油含苯丙烷衍生物：如反式茴香脑、甲基胡椒酚（1.5%～8.1%）	—
大豕草 *Heracleum mantegazzianum* Sommier & Levier.	伞形科	全株	呋喃香豆素（1.3%）：如香柑内酯、异虎耳草素、欧前胡素	—
猪草 *Heracleum sphondylium* L.	伞形科	全株	呋喃香豆素：如香柑内酯、异虎耳草素、欧前胡素	—
欧当归 *Levisticum officinale* W. J. D. Koch.	伞形科	全株	根和种子含呋喃香豆素：如欧前胡素（12.82 mg/kg）、5-甲氧基补骨脂素（6.38 mg/kg）、补骨脂素（3.8 mg/kg）、8-甲氧基补骨脂素（0.5 mg/kg）；叶子含呋喃香豆素：5-甲氧基补骨脂素；茎含双环单萜：如 α-侧柏酮和 β-侧柏酮；单萜二苯醚：1,8-桉叶素	—
藁本 *Ligusticum sinense* Oliv. (*Ligusticum chuanxiong* Qui, Zeng, Pan, Tang & Xu.)	伞形科	根	β-咔啉生物碱：如川芎哚；根精油含两种孕酮：3,8-二氢-藁本内酯二聚体和新当归内酯	—

（续表）

植物学名	科名	可能涉及的植物部位	相关化学物质	鉴定物质外的毒副作用
欧洲没药 *Myrrhis odorata*（L.）Scop.	伞形科	全株	果实精油含苯丙素类化合物：如反式茴香脑（76%~85%）、甲基丁香酚、甲基胡椒酚（1.2%~1.7%）。叶子精油含如反式茴香脑（82%~85%）	—
水芹 *Oenanthe aquatica*（L.）Poir.	伞形科	果实和根	聚乙炔衍生物：如水芹毒脂；果实含苯丙素类化合物：如肉豆蔻醚	—
藏红花色水芹 *Oenanthe crocata* L.	伞形科	全株	聚乙炔衍生物：如水芹毒脂	—
甜没药属 *Opopanax* spp.	伞形科	全株	该属含有呋喃香豆素	—
香芹 *Petroselinum crispum*（Mill.）A. W. Hill.	伞形科	全株	叶子含呋喃香豆素：如补骨脂素（3.2%~10.5%）、香柑内酯（6.4%~14.7%）、8-花椒毒素（0.53%~5.3%）、异虎耳草素（1.6%~8.0%）；欧芹叶油含苯丙素类化合物：如肉豆蔻醚（1.5%~14%）、芹菜脑（0.9%~8.1%）；常见欧芹种子油含苯丙素类化合物：如肉豆蔻醚（2.4%~37%）、榄香脂素（8.8%）、芹菜脑（11%~67%）；意大利欧芹种子油含苯丙素类化合物：如肉豆蔻醚（0.7%~40%）、榄香脂素（0~2%）、芹菜脑（30%~68%）；皱叶欧芹种子油含苯丙素类化合物：如肉豆蔻醚（45%~62%）、榄香脂素（0~12.2%）、芹菜脑（0~7.2%）	植物果实已应用于诱导流产
欧前胡 *Peucedanum ostruthium*（L.）W. Koch.	伞形科	全株	根含呋喃香豆素：如欧前胡素、氧化前胡素	—

（续表）

植物学名	科名	可能涉及的植物部位	相关化学物质	鉴定物质外的毒副作用
茴芹 *Pimpinella anisum* L.	伞形科	种子	精油含微量呋喃香豆素：如甲基胡椒酚（1%~5%）	—
大茴芹 *Pimpinella major*（L.）Huds.	伞形科	根	呋喃香豆素：如茴芹内酯、牛防风素	—
虎耳草茴芹 *Pimpinella saxifraga* L.	伞形科	全株	根含呋喃香豆素（0.025%）：如异补骨脂素、茴芹内酯、牛防风素、香柑内酯、异佛手柑内酯、异虎耳草素、前胡素、东莨菪内酯、伞形花内酯、散形花醚、花椒毒素	—
软雀花 *Sanicula europaea* L.	伞形科	叶子	三萜皂苷：香茅苷 R-1、桑皂苷 N	—
毒胡萝卜属 *Thapsia* spp.	伞形科	果实	该属植物精油含有苯丙素类化合物，如甲基丁香酚	—
五加科				
鹅掌柴属 *Schefflera* spp.	五加科	地上部	该属可能含有草酸钙针晶体	—
常春藤 *Hedera helix* L.	五加科	地上部	叶子含三萜皂苷（2.5%~5.7%）：如α-常春藤皂苷	果实（浆果）可引起中毒

2.7 唇形目

植物学名	科名	可能涉及的植物部位	相关化学物质	鉴定物质外的毒副作用
唇形科				
藿香属 *Agastache* spp.	唇形科	全株	该属植物精油可能含有苯丙素类化合物（如甲基胡椒酚、甲基丁香酚）及单萜（如长叶薄荷酮）	玫瑰精油含 5 种化学型甲基丁香酚（T1：甲基胡椒酚，T2：甲基丁香酚，T3：甲基丁香酚和柠檬烯，T4：薄荷酮，T5：薄荷酮和长叶薄荷酮），总量 83%~96%
腺茉莉 *Clerodendrum infortunatum* L.	唇形科	根	生物碱和克罗烷型二萜	三萜皂苷

（续表）

植物学名	科名	可能涉及的植物部位	相关化学物质	鉴定物质外的毒副作用
直茎风轮菜 *Clinopodium menthifolium* ssp. *ascendens* (Jord.) Govaerts (*Calamintha ascendens* Jord.)	唇形科	地上部	精油含单萜酮，如长叶薄荷酮；及单萜酮衍生物，如顺-异胡薄荷酮(75.2%)、长叶薄荷酮(6.9%)、新异胡薄荷酮(6%)、反式异胡薄荷酮(4.5%)	—
毛喉鞘蕊花 *Coleus forskohlii* (Willd.) Briq. (*Plectranthus barbatus* Andr.)	唇形科	全株	含环醚和内酯的双环二萜，如福斯可林	新食品目录：使用非食品添加剂的食物必须符合新食品规范
金钱薄荷 *Glechoma hederacea* L.	唇形科	地上部	吡咯烷类生物碱与莨菪烷类生物碱，如欧活血丹碱A和B。开花地上部中的精油含单萜二苯醚，如1,8-桉叶素（1.9%~4.6%）	这种植物会导致马和牛患病和死亡，潜在的有毒成分尚未确定
云南石梓 *Gmelina arborea* Roxb.	唇形科	叶子	—	对叶片水提物进行了基因毒性试验，结果表明，大鼠口服提取物剂量0.286 mg/kg体重和667 mg/kg体重，两种剂量均可使细胞微核率显著增加（$P<0.01$），证明叶片具有诱变作用
穗花薄荷 *Hedeoma pulegioides* (L.) Pers.	唇形科	地上部	精油含单环单萜酮（如长叶薄荷酮30%~80%）、双环单萜（如薄荷呋喃）和单萜二苯醚（1,8-桉叶素）	—
对生何龙木 *Hoslundia opposita* Vahl.	唇形科	叶子	叶子精油含单萜醚氧化物，如1,8-桉叶素(72%)。果实精油含双环单萜，如樟脑（69%）	—
山香 *Hyptis suaveolens* (L.) Poit.	唇形科	地上部	精油含单萜醚氧化物，如1,8-桉叶素（最高44%），也有报告称含有甲基丁香酚，但未说明含量	饲喂大鼠叶片水提物28 d，结果表明其具有肝毒性和肾毒性作用

（续表）

植物学名	科名	可能涉及的植物部位	相关化学物质	鉴定物质外的毒副作用
神香草 *Hyssopus officinalis* L.	唇形科	地上部	地上部精油含苯丙素类化合物，如甲基丁香酚（0.09%~3.8%）、甲基胡椒酚（4.8%）；含单萜二苯醚，如1,8-桉叶素；含双环单萜，如松莰酮（40%）、异松莰（30%）、侧柏酮（微量）	—
狭叶薰衣草 *Lavandulaangustifolia* Mill.（*L.officinalis* Chaix.，*L.vera* DC.）	唇形科	地上部	地上部精油含双环单萜，如侧柏酮、樟脑（0.59%）；含单萜二苯醚，如1,8-桉叶素（3.32%~30%）。鲜花精油含双环单萜，如樟脑（13.32%）；以及单萜二苯醚，如1,8-桉叶素（5.81%）	—
宽叶薰衣草 *Lavandula latifolia* Medik.（*Lavandula spica* auct.，non L.）	唇形科	地上部	地上部精油含单萜醚氧化物，如1,8-桉叶素（33%）；含双环单萜，如樟脑（5%）。花精油含单萜醚氧化物，如1,8-桉叶素（23%~48%）；含双环单萜，如樟脑（11%~18%）。叶子精油含单萜醚氧化物，如1,8-桉叶素（47%~55%）；含双环单萜，如樟脑（32%~44%）	—
法国红薰衣草 *Lavandula stoechas* L.	唇形科	地上部	叶子精油含双环单萜，如葑酮（39%~53%）、樟脑（6%~24%）；单萜二苯醚：1,8-桉叶素（4%）；花精油含双环单萜，如葑酮（21%~66%）、樟脑（最高26%）	—
欧益母草 *Leonurus cardiaca* L.	唇形科	地上部	吡咯烷类生物碱：如水苏碱（0.5%~1.5%）；环肽：益母草次碱。新鲜植物含有高达4 mg/g的半日花烷二萜（如益母草琴素）	—

（续表）

植物学名	科名	可能涉及的植物部位	相关化学物质	鉴定物质外的毒副作用
益母草 *Leonurus japonicus* Houtt.（*Leonurus heterophyllus* Sweet.）	唇形科	地上部	吡咯烷类生物碱：如水苏碱（0.1%～0.2%）；环肽：益母草次碱	—
细叶益母草 *Leonurus sibiricus* L.	唇形科	地上部	吡咯烷类生物碱：如水苏碱；环肽：益母草次碱；半日花烷二萜：如益母草琴素	—
地笋属 *Lycopus* spp.	唇形科	叶子	—	该属可能在垂体水平上对甲状腺激素有抗激素作用。可能还涉及其他机制
假蜜蜂花 *Melittis melissophyllum* L.	唇形科	地上部	香豆素（鲜叶为2.6～7.0 g/kg、干叶为0.3～2.5 g/kg）	—
加拿大薄荷 *Mentha canadensis* L.（*M.arvensis* var. *piperascens* Malinv. ex Holmes.）	唇形科	地上部	精油含单环单萜酮，如长叶薄荷酮；双环单萜，如薄荷呋喃	—
辣薄荷 *Mentha piperita* L.	唇形科	地上部	精油含单萜醚氧化物：如1，8-桉叶素（2.4%～18.5%）；单环单萜酮：如长叶薄荷酮（0.1%～5.4%）；双环单萜：如薄荷呋喃（0.1%～7.4%）；和香豆素	—
唇萼薄荷 *Mentha pulegium* L.	唇形科	地上部	精油含单环单萜酮：如长叶薄荷酮（71.3%～90%）；双环单萜：薄荷呋喃、侧柏酮；单萜二苯醚：1,8-桉叶素	—
绿薄荷 *Mentha spicata* L.［*Mentha viridis*（L.）L.］	唇形科	地上部	精油含单环单萜酮：如长叶薄荷酮（1.7%～1.9%）；单萜二苯醚：1,8-桉叶素（6%～6.8%）；精油化学型香芹酮：1，8-桉叶素（0.5%）	—
猫薄荷 *Nepeta cataria* L.	唇形科	地上部	精油含双环单萜：如樟脑	—

（续表）

植物学名	科名	可能涉及的植物部位	相关化学物质	鉴定物质外的毒副作用
罗勒 *Ocimum basilicum* L.	唇形科	地上部	叶子和花顶部的精油含苯丙素类化合物：如甲基胡椒酚（20%～50%）、甲基丁香酚（2%）、黄樟素；单萜：单萜二苯醚：1，8-桉叶素（7.7%～10%）；双环单萜：如樟脑（1%）、α-侧柏酮和β-侧柏酮	—
罗勒 *Ocimum canum* Sims.	唇形科	地上部	精油含苯丙素类化合物：如甲基胡椒酚（52%）	—
丁香罗勒 *Ocimum gratissimum* L.	唇形科	地上部	芽精油含苯丙素类化合物，如甲基胡椒酚、甲基丁香酚（9.835 mg/kg）	—
亚马逊薄荷 *Ocimum micranthum* Willd.	唇形科	地上部	精油含苯丙素类化合物，如榄香素（16%～19%）。据报告含有甲基丁香酚，但含量不详	—
野罗勒 *Ocimum nudicaule* Benth.	唇形科	地上部	精油含苯丙素类化合物，如甲基胡椒酚（98%）	—
塞勒罗勒 *Ocimum selloi* Benth.	唇形科	地上部	精油含苯丙素类化合物，如甲基胡椒酚（叶子精油中占94.95%、花精油中含92.54%）	—
罗勒属 *Ocimum suave* Willd.	唇形科	地上部	精油含苯丙素类化合物，如甲基丁香酚（叶子和花精油含65.49%～66.18%、芽精油含2.240 mg/kg）	—
圣罗勒 *Ocimum tenuiflorum* L. （*Ocimum sanctum* L.）	唇形科	全株	精油含苯丙烷类化合物，如甲基胡椒酚（叶子39.950 mg/kg）、甲基丁香酚（植物15～100 mg/kg、叶子50 mg/kg）	—
墨角兰 *Origanum majorana* L.	唇形科	地上部	精油含双环单萜：如樟脑（2%）；苯丙素类：如甲基胡椒酚（96～550 mg/kg）	—

（续表）

植物学名	科名	可能涉及的植物部位	相关化学物质	鉴定物质外的毒副作用
牛至 *Origanum vulgare* L.	唇形科	地上部	精油含双环单萜：如β-侧柏酮（0%～0.6%）；单萜二苯醚：1,8-桉叶素（0%～6.5%）	—
紫苏 *Perilla fructescens* Britton.	唇形科	叶子和种子	苯丙素类化合物：如肉豆蔻醚	植物必须适当干燥，以免出现有毒紫苏酮
夏枯草 *Prunella vulgaris* L.	唇形科	开花头	—	具有抗雌激素活性，但化合物尚未鉴定
迷迭香 *Rosmarinus officinalis* L.	唇形科	地上部	植株精油含双环单萜：如樟脑；单萜二苯醚：1,8-桉叶素（13%～31%）。叶子精油含单萜二苯醚：1,8-桉叶素（11.2%～47%）；双环单萜：如樟脑（13%～31%）；单环单萜酮：长叶薄荷酮（0.98%）	—
墨西哥鼠尾草 *Salvia divinorum* Epling et Jativa.	唇形科	全株	新克罗烷二萜	—
希腊鼠尾草 *Salvia fruticosa* Mill.	唇形科	叶子	—	雌性和雄性大鼠摄取希腊鼠尾草水提物和乙醇提物（200～800 mg/kg）后，其生育能力受到不良影响
薰衣草叶鼠尾草 *Salvia lavandulifolia* Vahl. [*Salvia officinalis* ssp. *lavandulifolia*（Vahl）Gams.]	唇形科	地上部	精油含单萜醚氧化物：1,8-桉叶素（11.8%～41.2%）；双环单萜：如樟脑（10%～39%）	—
药用鼠尾草 *Salvia officinalis* L.	唇形科	地上部	叶子精油含双环单萜：如α-侧柏酮（12%～65%）、β-侧柏酮（1.2%～35.6%）（总侧柏酮含量30%～60%）、樟脑（4.4%～30%）；单萜二苯醚：1,8-桉叶素（8%～22.5%）；苯丙素类：如甲基胡椒酚	—

（续表）

植物学名	科名	可能涉及的植物部位	相关化学物质	鉴定物质外的毒副作用
快乐鼠尾草 *Salvia sclarea* L.	唇形科	地上部	整株精油含单萜二苯醚：1，8-桉叶素（3.23%）；双环单萜：如樟脑（1%）。花精油含1，8-桉叶素（微量）、樟脑	—
冬香薄荷 *Satureja montana* L.	唇形科	地上部	精油含单萜醚氧化物：1，8-桉叶油（0.59%）；双环单萜：如樟脑（0.21%）；苯丙素类：如甲基丁香酚（25～415 mg/kg）	—
黄芩 *Scutellaria baicalensis* Georgi.	唇形科	叶和茎	—	O-甲基黄酮：汉黄芩素；以120mg/kg长期服用汉黄芩素会对大鼠造成心脏损伤
香科科属 *Teucrium* spp.	唇形科	地上部	该属含有呋喃环乙烷二萜类化合物	—
百里香属 *Thymus* spp.	唇形科	地上部	该属植物精油含有含单萜二苯醚，如1，8-桉叶素	—
穗花牡荆 *Vitex agnus-castus* L.	唇形科	地上部	干制植物原料的精油得率分别为：未熟果实得率0.76%、熟果实得率0.72%、地上部得率0.56%。果实精油含单萜醚氧化物：1，8-桉叶素（16%～18%）；双环单萜：如桧烯（7%～17%）。叶子精油含单萜：如1，8-桉叶素（22%～33%）；桧烯（2%～18%）。花精油含单萜：如1，8-桉叶素（13.5%）和桧烯（5.7%）	在两项新的果实提取物重复剂量毒性研究中，观察到有肝脏毒性迹象。从大鼠妊娠第1～10 d开始，以1 mg/kg或2 mg/kg的剂量给药时，服用种子磨成的粉末可使胎数略有减少。穗花牡荆制剂给药后，观察到雌性哺乳大鼠出现泌乳抑制作用（泌乳素减少）。大鼠垂体细胞体外研究表明，提取物具有剂量依赖性泌乳素降低作用
直茎风轮菜 *Calamintha ascendens* Jord. 参见 *Clinopodium menthifolium* ssp. *ascendens* （Jord.） Govaerts.	唇形科	—	—	—
车前科				
毛地黄属 *Digitalis* spp.	车前科	全株	该属可能含有强心甾（洋地黄糖苷），如地高辛	—

（续表）

植物学名	科名	可能涉及的植物部位	相关化学物质	鉴定物质外的毒副作用
密生球花 *Globularia alypum* L.	车前科	叶和根	—	在妊娠第1~6天灌胃干叶800 mg/kg乙醇提取物后，观察到妊娠大鼠胚胎吸收增加
新疆水八角 *Gratiola officinalis* L.	车前科	全株	氧化四环三萜：如葫芦素、I-葡萄糖苷、葫芦素E-葡萄糖苷、水八角苷	—
柳穿鱼 *Linaria vulgaris* Mill.	车前科	地上部	喹啉生物碱：如鸭嘴花碱	—
列当科				
列当属 *Orobanche* spp.	列当科	全株	—	利用寄主植物汁液寄生的植物。如果宿主体内含有毒化合物，那么也可能在列当属植物中发现这些物质
爵床科				
穿心莲 *Andrographis paniculata* (Burm.f.) Nees. (*Justicia paniculata* Burm. f.)	爵床科	地上部	二萜内酯及其衍生物：如穿心莲内酯（2.8%~4.4%）、脱水穿心莲内酯（1.4%~2.1%）、新穿心莲内酯（1.4%~1.9%）及去氧穿心莲内酯-19-β D葡萄糖苷（0.7%~1.8%）	据报告在家兔和小鼠实验中出现了流产效应（WHO，2002）
鸭嘴花 *Justicia adhatoda* L. (*Adhatoda vasica* Nees.)	爵床科	叶子	干叶含喹啉生物碱（0.3%~2.1%），其中鸭嘴花碱含量为1.8%	—
鸭嘴花 *Adhatoda vasica* Nees. 参见 *Justicia adhatoda* L.	爵床科	—	—	—
紫葳科				
紫花風鈴木 *Handroanthus heptaphyllus* (Vell.) Mattos [*Tabebuia heptaphylla* (Vell.) Toledo, *Tabebuia ipe* (K. Schum.) Standl.), *Tecoma ipe* K. Schum.]	紫葳科	木料	萘醌：拉帕醇、木脂素类化合物	在大鼠体内的细胞微核和染色体畸变试验中，拉帕醇显示具有致癌效应，并呈剂量依赖性
依贝木 *Tabebuia* spp.	紫葳科	树皮	该属含有萘醌：如拉帕醇、β-拉帕醌	—

2.8 十字花目

植物学名	科名	可能涉及的植物部位	相关化学物质	鉴定物质外的毒副作用
十字花科				
黑芥 *Brassica nigra*（L.）W. D. J. Koch.	十字花科	地上部	芥子油苷（尤其是种子内）：如黑芥子苷（1%～2%）；异硫氰酸烯丙酯和衍生物：如葡糖酸盐、豆瓣菜苷	—
荠菜 *Capsella bursa-pastoris*（L.）Medik.	十字花科	地上部	酪胺、草酸	—
桂竹香 *Cheiranthus cheiri* L.	十字花科	地上部	强心甾：如墙花毒苷（毒毛旋花苷配基衍生物）	—
屈曲花 *Iberis amara* L.	十字花科	全株	葫芦素	—
菘蓝 *Isatis tinctoria* L.	十字花科	叶子	喹啉生物碱：如色胺酮	—
印加萝卜 *Lepidium meyenii* Walp.（*Lepidium peruvianum* Chacon.）	十字花科	根	咪唑生物碱（干根中含有 0.0016%～0.0123%）	—

2.9 锦葵目

植物学名	科名	可能涉及的植物部位	相关化学物质	鉴定物质外的毒副作用
锦葵科				
可乐果 *Cola acuminata*（P. Beauv.）Schott & Endl.［*Cola pseudo-acuminata* Engl., *Sterculia acuminata* P. Beauv.］	锦葵科	种子	甲基黄嘌呤衍生物：咖啡因（2.4%～2.6%）、可可碱（<0.1%）	—

（续表）

植物学名	科名	可能涉及的植物部位	相关化学物质	鉴定物质外的毒副作用
白可拉 *Cola nitida* (Vent.) Schott & Endl. [*Cola acuminata* (P. Beauv.) Schott & Endl. *var. latifolia* K. Schum., *Cola vera* K. Schum.]	锦葵科	种子	甲基黄嘌呤衍生物：咖啡因（1.5%～3.5%）、可可碱（1%）、茶碱	—
长蒴黄麻 *Corchorus olitorius* L.	锦葵科	种子	卡烯内酯苷：葡萄糖芥苷、长蒴黄麻苷、黄麻双糖苷、黄白糖芥苷、卡诺醇、杠柳毒苷配基、洋地黄毒苷配基、葡萄糖醛酸苷	—
棉花属 *Gossypium* spp.	锦葵科	根皮和种子	该属可能含有棉子酚	—
扁担杆属 *Grewia* spp.	锦葵科	树皮、花和嫩芽	该属可能含有哈尔满生物碱（β-咔啉）	—
玫瑰茄 *Hibiscus sabdariffa* L.	锦葵科	花萼	草酸（0.55%）	摄入花萼水提取物后，大鼠附睾精子数下降，睾丸结构组织学发生改变。饲喂大鼠花萼水-乙醇提取液后，一些酶的水平升高，这表明大鼠的肝脏受到损伤。以花萼水-乙醇提取物300 mg/(kg体重·d)或2 000 mg/(kg体重·d)的剂量饲喂大鼠90 d，结果导致高达80%的死亡率。引起副作用的相关化合物尚未确定
黄花稔 *Sesbania* spp.	锦葵科	全株	苯乙胺：如麻黄碱（干燥块根含0.006%、地上部中含0.04%）	—
心叶黄花稔 *Sida cordifolia* L.	锦葵科	全株	多羟基吲哚里西啶生物碱及衍生物：如苦马豆素；吲哚并喹啉生物碱：如白叶藤碱；苯乙胺：如麻黄碱（干燥块根含0.007%、地上部中含0.112%）和伪麻黄碱	—

（续表）

植物学名	科名	可能涉及的植物部位	相关化学物质	鉴定物质外的毒副作用
白背黄花稔 *Sida rhombifolia* L.	锦葵科	全株	苯乙胺类：如麻黄碱（干燥块根含 0.031%、地上部中含 0.017%）、喹唑啉类和羧基色胺	—
半日花科				
胶蔷树 *Cistus ladanifer* L. (*C.viscosus* Stokes, *C. grandiflorus* Pour., *C. landanosma* Hoffmanns., *C.ladaniferus* L., *Ladanium officinarum* Spach.)	半日花科	叶子和嫩枝	精油含双环单萜，如 α-侧柏酮（0.8%）；以及单萜二苯醚，如 1，8-桉叶素（0.2%）	—
龙脑香科				
龙脑香 *Dryobalanops aromatica* C. F. Gaertn.	龙脑香科	茎	双环单萜醇：如龙脑；双环单萜酮：如樟脑	—

2.10 桃金娘目

植物学名	科名	可能涉及的植物部位	相关化学物质	鉴定物质外的毒副作用
桃金娘科				
丁子香 *Syzygium aromaticum* (L.) Merr. & L. M. Perry [*Caryophyllus aromaticus* L., *Eugenia caryophyllata* Thunb. (nom. illeg.) Mansfeld]	桃金娘科	花芽（丁香）	精油含苯丙素类化合物：如甲基胡椒酚、甲基丁香酚	—
桉树 *Eucalyptus* spp.	桃金娘科	叶子	该属可能含有单萜二苯醚：1,8-桉叶素	—
白千层属 *Melaleuca* spp.	桃金娘科	叶子	该属可能含有单萜二苯醚：1,8-桉叶素	—
香桃木 *Myrtus communis* L.	桃金娘科	地上部	精油含苯丙素类化合物：甲基胡椒酚、甲基丁香酚	—

（续表）

植物学名	科名	可能涉及的植物部位	相关化学物质	鉴定物质外的毒副作用
西印度月桂 *Pimenta racemosa* (Mill.) J. W. Moore.	桃金娘科	叶子	精油含苯丙素类化合物：甲基胡椒酚、甲基丁香酚	—
桃金娘属 *Rhodomyrtus* spp.	桃金娘科	果实	—	一些品种浆果会导致儿童永久失明，但可能是由于真菌毒素引起的
丁子香 *Caryophyllus aromaticus* L. 参见 *Syzygium aromaticum* (L.) Merr. & L. M. Perry.	桃金娘科	—	—	—
千屈菜科				
黄薇属 *Heimia* spp.	千屈菜科	叶子	该属可能含有联苯喹啉内酯生物碱及苯基喹啉啶酯生物碱	海棠、黄薇含有生物碱
石榴 *Punica granatum* L.	千屈菜科	果实、根皮和树皮	哌啶类生物碱（0.5%~0.7%）：如石榴碱、异石榴碱、甲基异石榴皮碱；烷类生物碱：如伪石榴皮碱	—
指甲花 *Lawsonia inermis* L.（*Lawsonia alba* Lam.）	千屈菜科	叶子	萘醌：如散沫花素（干叶中含量1%~2%）	—
柳叶菜科				
柳叶菜属 *Epilobium* spp.	柳叶菜科	地上部	该属可能含有鞣花单宁、黄酮类化合物和甾醇类化合物	—
使君子科				
小花风车子 *Combretum micranthum* G. Don.（*C. altum*，*C. floribundum*，*C. parviflorum*，*C. raimbaultii*）	使君子科	叶子	黄烷哌替啶生物碱	
瑞香科				
瑞香属 *Daphne* spp.	瑞香科	全株	该属可能含有二萜酯类化合物：如瑞香烷衍生物	—
荛花属 *Wikstroemia* spp.	瑞香科	全株	该属中含有二萜化合物：瑞香烷原酸酯（如胡拉毒素、黄珠子草碱）	—

2.11 金虎尾目

植物学名	科名	可能涉及的植物部位	相关化学物质	鉴定物质外的毒副作用
金虎尾科				
卡皮木 *Banisteriopsis caapi* (Spruce ex Griseb.) Morton.	金虎尾科	全株	吲哚类生物碱：如肉叶芸香碱、骆驼蓬碱	—
死藤 *Diplopterys cabrerana* (Cuatrec.) B. Gates.	金虎尾科	全株	色胺生物碱：如二甲基色胺、哈尔满碱类衍生物	—
杨柳科				
柳树 *Salix* spp.	杨柳科	树皮、芽、花和叶子	该属含高浓度单宁（高达20%），柔荑花序中含有植物雌激素	水杨酸苷（水杨苷、柳皮苷、水杨醇、匍匐柳苷、云杉苷、特里杨苷）含量为0.04%~12.06%。可诱发或增加产前黄疸
黑杨 *Populus nigra* L.	杨柳科	树皮和芽	—	芽含白杨苷，树皮含水杨醇苷（水杨苷2.4%）、柳皮苷及其衍生物（如白杨苷、苯甲酰水杨苷）
欧洲山杨 *Populus tremula* L.	杨柳科	树皮和芽	—	芽含白杨苷，树皮含水杨醇苷（水杨苷2.4%）、柳皮苷及其衍生物（如白杨苷、苯甲酰水杨苷）
钟花科				
马蛋果 *Gynocardia odorata* R. Br.	钟花科	叶子和种子	生氰糖苷：如大风子苷	—
大风子属 *Hydnocarpus* spp.	钟花科	种子	该属种子油含不饱和环戊烯基酸（主要为大风子酸、副大风子酸和告尔酸）	种子油是不可食用的。食用种子油可导致出现恶心、腹泻、高血压等症状
亚麻科				
亚麻 *Linum usitatissimum* L.	亚麻科	种子	生氰糖苷及木脂素（如松酯醇二葡萄糖苷）	—

（续表）

植物学名	科名	可能涉及的植物部位	相关化学物质	鉴定物质外的毒副作用
古柯科				
古柯属 *Erythroxylum* spp.	古柯科	全株	该属可能含有萜类生物碱：如可卡因	在14个品种发现了可卡因
叶下珠科				
守宫木 *Sauropus androgynus* (L.) Merr.	叶下珠科	叶子	苄基异喹啉生物碱：如罂粟碱（0.5%）	在我国台湾，肺脏问题与大量摄入守宫木叶有关
非洲核果木科				
药用核果木 *Putranjiva roxburghii* Wall.	非洲核果木科	叶子和种子	种子：胰蛋白酶抑制剂	将核果木叶子提取物以0.5 g/（kg 体重・d）、1.0 g/（kg 体重・d）或2.0 g/（kg 体重・d）的剂量饲喂小鼠7 d，引发骨髓细胞有丝分裂染色体的改变

2.12　壳斗目

植物学名	科名	可能涉及的植物部位	相关化学物质	鉴定物质外的毒副作用
壳斗科				
欧洲栗 *Castanea sativa* Mill.	壳斗科	地上部	丹宁	如果高剂量和长期使用鞣花单宁可对肝脏造成不良影响
欧洲山毛榉 *Fagus sylvatica* L.	壳斗科	果实和木料	果实：草酸（2.95%）	木屑可能具有诱变活性
栎属 *Quercus* spp.	壳斗科	树皮、果实和叶子	该属含有大量单宁	如高剂量长期使用水解单宁可对肝脏造成不良影响。抑制胰蛋白酶样蛋白酶和淀粉酶。许多国家都发生了不同栎属植物中毒
胡桃科				
普通胡桃 *Juglans regia* L.	胡桃科	果实、果皮和叶子	果实、果皮和叶子含有萘醌类化合物，如胡桃醌	在果实表面（果皮）蜡中发现了29.8%的胡桃醌，叶片表面蜡发现了28.6%的胡桃醌

2.13 蒺藜目

植物学名	科名	可能涉及的植物部位	相关化学物质	鉴定物质外的毒副作用
蒺藜科				
愈疮木 *Guaiacum officinale* L.	蒺藜科	树皮	树皮上的树脂（树胶）：15%石油醚可溶性化合物含木脂素（-）-愈创木酸；70%醚溶性化合物含其他木脂素，如二氢愈创木脂酸、愈创木素、异愈创木素、α-愈创木酸及其4′-甲基乙醚、多种四氢呋喃	—
极叉开拉瑞阿 *Larrea divaricata* Cav.	蒺藜科	地上部	木脂素：如甲二氢愈创木酸（叶子中含有1.6%）	—
三齿拉雷亚灌木 *Larrea tridentata* (Ses. & Moc. ex DC.) Cov.	蒺藜科	地上部	木脂素：如甲二氢愈创木酸	—
蒺藜 *Tribulus terrestris* L.	蒺藜科	全株	β-咔啉生物碱（40～80 mg/kg干物质）：如哈尔满碱和去甲哈尔满碱；致结石甾体皂苷：如原薯蓣皂苷；霉菌毒素：葚孢菌素	绵羊中枢神经系统毒性。饲喂雄性大鼠该果实后表现出肝毒性。饲喂去势雄性大鼠果实提取物对睾丸激素水平和前列腺重量有影响
刺球果科				
牛蒡刺球果 *Krameria lappacea* (Dombey) Burdet & B. B. Simpson. (*Krameria triandra* Ruiz & Pav.)	刺球果科	根	—	根含8%～18%的拉坦尼根-原花青素；根皮含18%～42%的拉坦尼根-原花青素

2.14 虎耳草目

植物学名	科名	可能涉及的植物部位	相关化学物质	鉴定物质外的毒副作用
景天科				
锐叶景天 *Sedum acre* L.	景天科	花和叶	α-取代的哌啶生物碱	—

（续表）

植物学名	科名	可能涉及的植物部位	相关化学物质	鉴定物质外的毒副作用
中叶不死鸟 *Kalanchoe pinnata* (Lam.) Pers.	景天科	叶子	蟾皮二烯内酯：如环落地生根素 A 和 C	—
枫香科				
苏合香树 *Liquidambar orientalis* Mill.	枫香科	树皮	香脂精油和树脂含苯乙烯	国际癌症研究机构的评估结果表明，苯乙烯对人类具有潜在致癌性（2B 组）
北美枫香 *Liquidambar styraciflua* L.	枫香科	树皮	香脂精油含苯乙烯	国际癌症研究机构的评估结果表明，苯乙烯对人类具有潜在致癌性（2B 组）

2.15 其他目

植物学名	科名	可能涉及的植物部位	相关化学物质	鉴定物质外的毒副作用
冬青目　冬青科				
欧洲冬青 *Ilex aquifolium* L.	冬青科	地上部	生氰糖苷：如成熟果实中含蝙蝠葛氰苷	—
巴拉圭冬青 *Ilex paraguariensis* A. St.-Hil.	冬青科	叶子	甲基黄嘌呤衍生物：如咖啡因（0.2%～2.0%）、可可碱（0.1%～0.2%）、茶碱（0.05%）	—
代茶冬青 *Ilex vomitoria* Ait.	冬青科	果实和叶子	甲基黄嘌呤衍生物：如咖啡因（0.3%～0.9%）、可可碱（0.03%～0.31%）	—
檀香目　檀香科				
白果槲寄生 *Viscum album* L.	檀香科	全株	多肽：黏毒素（Ⅰ，Ⅱ，Ⅲ）；糖蛋白：槲寄生凝集素	—
短柔毛檀梨 *Pyrularia pubera* Michx.	檀香科	果实和种子	多肽：如嘌呤硫素、黏毒素、硫堇	—
丝缨花目　丝缨花科				
青木 *Aucuba japonica* Thunb.	丝缨花科	果实	—	引起发烧和呕吐

（续表）

植物学名	科名	可能涉及的植物部位	相关化学物质	鉴定物质外的毒副作用
苦榄木目 苦榄木科				
美洲苦木 *Picramnia antidesma* Sw.	苦榄木科	未说明	蒽醌衍生物：如芦荟大黄素、芦荟大黄素蒽酮；替代羟基蒽醌；蒽酮	—
葡萄目 葡萄科				
五叶地锦 *Parthenocissus quinquefolia*（L.）Planch.	葡萄科	叶子	草酸钙针晶体（最高 2%）	一些病例由于食用五叶地锦的浆果或果汁而致病或死亡
酢浆草目 酢浆草科				
酢浆草属 *Oxalis* spp.	酢浆草科	地上部	该属可能含有草酸盐	—
菊目 睡菜科				
睡菜 *Menyanthes trifoliata* L.	睡菜科	叶子	蒽醌类：如大黄素、芦荟大黄素、大黄酚；香豆素：如香豆素、东莨菪内酯	—
牻牛儿苗目 牻牛儿苗科				
狭花天竺葵 *Pelargonium sidoides* DC.	牻牛儿苗科	叶子	精油含苯丙素类化合物，如甲基丁香酚（4.3%）和榄香脂素（3.6%）	—
黄杨目 黄杨科				
锦熟黄杨 *Buxus sempervirens* L.	黄杨科	全株	甾体类生物碱：如黄杨碱、环黄杨碱、黄杨碱 E 以及三萜生物碱	—

3 原始花被亚纲潜在有毒植物纲要

3.1 侧膜胎座目

植物学名	科名	可能涉及的植物部位	相关化学物质	鉴定物质外的毒副作用
藤黄科				
书带木 *Clusia rosea* Jacq.	藤黄科	未说明	苯酮类化合物：如二苯酮	—
藤黄 *Garcinia hanburyi* Hook. f.	藤黄科	全株	树皮树胶脂含藤黄酸、异藤黄醇；果实中含（-）羟基柠檬酸	—
印度藤黄 Choisy *Garcinia indica* (Thou.) Choisy.	藤黄科	果皮和叶子	(-) 羟基柠檬酸（叶子含4.1%~4.6%；果皮含10.3%~12.7%）	—
海藤 *Garcinia morella* Desr.	藤黄科	全株	树皮树胶脂含藤黄酸、异藤黄酸、β-藤黄素和α-藤黄素及其衍生物等，种皮含藤黄素、β-藤黄素和α-藤黄素	—
藤黄果 *Garcinia cambogia* Desr. 参见 *Garcinia gummi-gutta*（L.）Roxb.	藤黄科	—	—	—
金丝桃科				
马达加斯加哈伦加那 *Harungana madagascariensis* Lam. ex Poir. [*Haronga madagascariensis* (Lam. ex Poir.) Choisy]	金丝桃科	根	异戊烯基化多酚类蒽醌	—
斑点金丝桃 *Hypericum maculatum* Crantz.	金丝桃科	地上部	金丝桃素（0.06%~0.34%）、伪金丝桃素（0.25%~1.45%）	—

（续表）

植物学名	科名	可能涉及的植物部位	相关化学物质	鉴定物质外的毒副作用
贯叶连翘 *Hypericum perforatum* L.	金丝桃科	地上部	金丝桃素、伪金丝桃素；异戊二烯型间苯三酚衍生物：如贯叶金丝桃素、氧杂蒽酮衍生物	—
西番莲科				
西番莲属 *Adenia* spp.	西番莲科	根和种子	凝集素	—

3.2 荨麻目

植物学名	科名	可能涉及的植物部位	相关化学物质	鉴定物质外的毒副作用
桑科				
见血封喉树 *Antiaris toxicaria* (Pers.) Lesch.	桑科	树皮和叶子	卡烯内酯苷：如弩箭子苷；呋喃香豆素	—
无花果 Ficus carica L.	桑科	全株	乳胶含呋喃香豆素：如补骨脂素和香柑内酯	—
鹊肾树 *Streblus asper* (Retz.) Lour. (*Trophis aspera* Retz.)	桑科	根皮	卡烯内酯苷：如鹊肾树苷、曼索宁	—
大麻科				
大麻属 *Cannabis* spp.	大麻科	花梢（雌株）	该属可能含有大麻素，如四氢大麻酚	—
蛇麻 *Humulus lupulus* L.	大麻科	花	黄烷酮：8-甘草黄酮	—

3.3 大戟目

植物学名	科名	可能涉及的植物部位	相关化学物质	鉴定物质外的毒副作用
大戟科				
荨麻刺属 *Cnidoscolus* spp.	大戟科	全株	该属可能含有生氰糖苷（如亚麻苦苷），HCN 当量 0.8~15 μg/g 鲜重	—

（续表）

植物学名	科名	可能涉及的植物部位	相关化学物质	鉴定物质外的毒副作用
石栗属 *Aleurites* spp.	大戟科	全株	该属可能含有皂苷和二萜衍生物（如佛波酯）	—
巴豆属 *Croton* spp.	大戟科	全株	该属可能含有二萜酯类化合物（如佛波酯）、异喹啉生物碱（如阿朴啡、吗啡烷、原阿朴碱型生物碱）和凝集素（如巴豆毒素）	—
藤状黄蓉花 *Dalechampia scandens* L.	大戟科	叶和茎	二萜、生氰糖苷、凝集素	含有组胺
大戟属 *Euphorbia* spp.	大戟科	全株	该属乳胶中可能含有二萜类化合物：如巴豆烷型二萜、巨大戟烷型二萜和瑞香烷型二萜	这些化合物发现于两个大科：大戟科和瑞香科。其中一些酯类化合物是促癌因子
海漆 *Excoecaria agallocha* L.	大戟科	全株	半日花烷型二萜化合物	与植物接触将导致暂时性失明。用于生育调节，具有子宫收缩活性
毒番石榴 *Hippomane mancinella* L.	大戟科	地上部	叶子和汁液中含有酚酯；果实中含有吲哚类生物碱，如毒扁豆碱	—
响盒子 *Hura crepitans* L.	大戟科	全株	乳胶中含有瑞香烷型二萜：如马疯木 A（胡拉毒素）和马疯木 B	—
桐油树 *Jatropha curcas* L.	大戟科	种子	毒蛋白：如麻风树毒蛋白	—
安达树 *Joannesia princeps* Vell.	大戟科	果实和种子	木脂素：如美商陆酚 A、异洋商陆醇 A 和异洋商陆素 A	—
粗糠柴 *Mallotus philippinensis* Müll.Arg.	大戟科	果实和根	查尔酮：如粗糠柴苦素	种子提取物剂量依赖性地降低了雌性大鼠血清激素水平（FSH、LH 和雌二醇）、排卵数和黄体数量
木薯 *Manihot esculenta* Crantz.（*Manihot utilissima* Pohl.）	大戟科	根	根含生氰糖苷：如亚麻苦苷	—
山靛属 *Mercurialis* spp.	大戟科	全株	该属可能含有致癌二萜：如桧醇脂	—

（续表）

植物学名	科名	可能涉及的植物部位	相关化学物质	鉴定物质外的毒副作用
红雀珊瑚属 *Pedilanthus* spp.	大戟科	全株	该属可能含有细胞毒活性二萜：如含氧麻风树烷型二萜、佛波酯等	—
蓖麻 *Ricinus communis* L.	大戟科	种子	毒蛋白：蓖麻毒素	—
草乌桕 *Stillingia sylvatica* L.	大戟科	根	二萜、生氰糖苷	新鲜根部：腐蚀性乳胶

3.4 芸香目

植物学名	科名	可能涉及的植物部位	相关化学物质	鉴定物质外的毒副作用
橄榄科				
印度乳香 *Boswellia serrata* Roxb.	橄榄科	树皮	树胶脂精油含苯丙素类化合物（最高 11%），如甲基胡椒酚	—
爪哇橄榄 *Canarium indicum* L.（*Canarium commune* L.）	橄榄科	树皮	—	根据（欧洲共同体）第 258/97 号法规（2000 年 12 月 19 日的决定），爪哇橄榄籽不得作为新食品或新配料在欧洲共同体市场出售
印度香胶 *Commiphora mukul* Engl.	橄榄科	树干含有油胶树脂	苯丙素类化合物：如甲基胡椒酚（未定量）；萜类成分：如月桂烯、二聚月桂烯	—
没药树 *Commiphora myrrha*（Nees）Engl.	橄榄科	树干含有油胶树脂	呋喃型倍半萜：如莪术酮、甲氧基-呋喃二烯等	挥发性成分（如呋喃型倍半萜）只存在于新收集的油胶质树脂中，据报道其可能会引发肝肾病
弗氏乳香树 *Boswellia frereana* Birdw.	橄榄科	树皮	树胶脂精油含双环单萜：如 β-侧柏酮；苯丙素类化合物：如甲基丁香酚	—
远志科				
远志属 *Polygala* spp.	远志科	根茎	三萜皂苷	长期食用可引起胃肠道刺激

3.5 其他目

植物学名	科名	可能涉及的植物部位	相关化学物质	鉴定物质外的毒副作用
蓼目 蓼科				
大黄属 *Rheum* spp.	蓼科	全株	该属含有草酸和羟基蒽醌衍生物	—
何首乌 *Polygonum multiflorum* Thunb.	蓼科	根	蒽醌类化合物：如大黄素、大黄酸	—
酸模属 *Rumex* spp.	蓼科	全株	该属可能含有羟基蒽醌衍生物和草酸	—
豆目 蝶形花科				
相思子 *Abrus precatorius* L.	蝶形花科	种子	糖蛋白：如相思子毒素	—
相思树属 *Acacia* spp.	蝶形花科	树皮、叶子和种子	该属含有二甲基色胺衍生物和氰苷（如野樱苷、黑接骨木苷和金合欢苷）	—
国槐 *Styphnolobium japonicum*（L.）Schott. 参见 *Sophora japonica* L.	蝶形花科	—	—	—

4　百合亚纲潜在有毒植物纲要

4.1　百合目

植物学名	科名	可能涉及的植物部位	相关化学物质	鉴定物质外的毒副作用
百合科				
贝母属 *Fritillaria* spp.	百合科	鳞茎	该属可能含有中甾体类和异甾体类生物碱，如贝母辛碱、贝母素甲、去氢贝母碱、西贝碱、异浙贝母碱、鄂贝啶碱	—
野百合 *Lilium brownii* F. E. Br. ex Miellez.	百合科	鳞茎	鳞茎中含有甾体皂苷、甾体生物碱和 a 蛋白，如百合素	—
舞鹤草 *Maianthemum bifolium* (L.) F. W. Schmidt.	百合科	果实和叶子	叶子含强心苷、香豆素；果实含氰苷	—
万年青 *Rohdea japonica* (Thunb.) Roth.	百合科	全株	强心甾，如万年青苷 A	—
韦茎百合 *Schoenocaulon officinale* Gray (*Sabadilla officinarum* Brandt et Ratzeb.)	百合科	种子	甾体类生物碱，如藜芦碱（藜芦碱混合物、藜芦定）	—
穗菝葜 *Smilax aspera* L.	百合科	根	—	含有甾体皂苷：如石刁柏苷 E
洪都拉斯菝葜 *Smilax officinalis* Kunth (*Smilax tonduzii* Apt., *Smilax vanilliodora* Apt.)	百合科	根	—	甾体皂苷：丝兰皂苷、菝葜皂苷元

（续表）

植物学名	科名	可能涉及的植物部位	相关化学物质	鉴定物质外的毒副作用
郁金香属 *Tulipa* spp.	百合科	全株	植物抗毒素：如山慈姑内酯	人食用该植物鳞茎会导致出汗、唾液分泌增多、哺乳困难和呕吐等急性症状。奶牛食用大量的郁金香属植物鳞茎会在6周内导致28%的奶牛死亡
石蒜科				
百子莲属 *Agapanthus* spp.	石蒜科	叶子和根茎	—	根茎对家畜具有毒性，但是相关有毒物质还未明确。叶的黏性辛辣汁液能够引起动物口腔溃疡
孤挺花属 *Amaryllis* spp.	石蒜科	鳞茎	该属可能含有异喹啉生物碱：如石蒜碱、安贝灵、孤挺花宁碱	—
君子兰 *Clivia miniata* Regel.	石蒜科	未说明	异喹啉生物碱：如石蒜碱	—
文殊兰 *Crinum asiaticum* L.	石蒜科	鳞茎	异喹啉生物碱：如草原文殊兰胺、石蒜碱、文殊兰定、文殊兰胺	—
雪花莲属 *Galanthus* spp.	石蒜科	地上部	该属可能含有异喹啉生物碱：如雪花胺、石蒜碱	—
雪片莲 *Leucojum vernum* L.	石蒜科	鳞茎和叶子	异喹啉生物碱：如石蒜碱、2-O-基石蒜碱	—
石蒜属 *Lycoris* spp.	石蒜科	全株	该属可能含有异喹啉生物碱：如石蒜裂碱	—
水仙属 *Narcissus* spp.	石蒜科	全株	该属可能含有异喹啉生物碱：如石蒜碱、雪花莲胺、高石蒜碱、网球花胺	—
龙头花属 *Sprekelia* spp.	石蒜科	鳞茎	该属可能含有异喹啉生物碱：如石蒜碱、伪石蒜碱	—
黄花石蒜属 *Sternbergia* spp.	石蒜科	全株	该属含有异喹啉生物碱：如石蒜碱、雪花莲胺、蒜碱等	—
黑药花科				
棋盘花属 *Zigadenus* spp.	黑药花科	全株	该属可能含有甾体类生物碱：如棋盘花碱、棋盘花辛碱	—

（续表）

植物学名	科名	可能涉及的植物部位	相关化学物质	鉴定物质外的毒副作用
黄地百合 *Chamaelirium luteum* (L.) A. Gray.	黑药花科	全株	甾体皂苷：如地百合毒苷（薯蓣皂苷配基的葡萄糖苷）A 和 B；草酸钙	—
四叶重楼 *Paris quadrifolia* L.	黑药花科	全株	类固醇和螺山烷皂苷：如喷诺皂苷元四糖苷	—
藜芦属 *Veratrum* spp.	黑药花科	全株	该属含有甾体类生物碱：如原藜芦碱类；氨基醇酯：如蒜藜芦碱衍生物（如环巴胺）	—
鸢尾科				
射干 *Belamcanda punctata* Moench（*B. chinensis* (L.) DC.）	鸢尾科	根	1,4-苯醌衍生物：如射干醌 A 和 B；甲基化异黄酮：如鸢尾黄素、野鸢尾苷元、射干异黄酮	—
红籽鸢尾 *Iris foetidissima* L.	鸢尾科	叶子和根茎	—	毒性原理尚未明确，但可能由于刺激性树脂。食后症状：呕吐、腹泻（有时伴有出血）
黄菖蒲 *Iris pseudoacorus* L.	鸢尾科	叶子和根茎	—	毒性原理尚未明确，但可能存在刺激性树脂。食后症状：呕吐、腹泻（有时伴有出血）
薯蓣科				
薯蓣属 *Dioscorea* spp.	薯蓣科	块茎	该属可能含有吡啶生物碱：如薯蓣碱	供食用的栽培品种不含生物碱
浆果薯蓣 *Tamus communis* L. 参见 *Dioscorea* spp.	薯蓣科	—	—	—
秋水仙科				
秋水仙属 *Colchicum* spp.	秋水仙科	全株	该属可能含有苯乙基异喹啉生物碱：如秋水仙碱	—
嘉兰属 *Gloriosa* spp.	秋水仙科	全株	该属可能含有环庚三烯酚酮生物碱：如秋水仙碱	嘉兰花含秋水仙碱（1.05%~1.18%），叶子含秋水仙碱（0.87%~2.36%），块茎含有秋水仙碱（0.66%~0.92%）

4.2 天门冬目

植物学名	科名	可能涉及的植物部位	相关化学物质	鉴定物质外的毒副作用
天门冬科				
芦荟属 *Aloe* spp.	天门冬科	叶子	该属可能含有羟基蒽醌衍生物：1,8-二羟基蒽醌；苷类：如芦荟素	芦荟素仅存在于中柱鞘细胞和相邻叶片薄壁组织的汁液中
铃兰 *Convallaria majalis* L.	天门冬科	全株	卡烯内酯苷（干叶中含0.2%~0.4%、花和种子中含0.5%）；如种子含铃兰毒苷、葡糖铃兰毒原苷和铃兰毒原苷	—
风信子 *Hyacinthus orientalis* L.	天门冬科	花	苯丙素类化合物：如甲基胡椒酚，含量不详	—
虎眼万年青属 *Ornithogalum* spp.	天门冬科	全株	该属含有强心甾：如沙门洛苷	—
黄精属 *Polygonatum* spp.	天门冬科	全株	甾体皂苷	以前曾被认为是含有卡烯内酯苷的品种，而近期研究并未证实其中含有卡烯内酯苷
假叶树 *Ruscus aculeatus* L.	天门冬科	根茎	含甾体皂苷：如鲁斯可皂苷元、新鲁斯可皂苷元	—
虎尾兰属 *Sansevieria* spp.	天门冬科（龙舌兰科）	叶子	甾体皂苷	—
丝兰 *Yucca filamentosa* L.	天门冬科	全株	甾体皂苷：如菝葜皂苷元、剑麻皂素（叶子中含1.4%）	—
海葱属 *Urginea* spp.	天门冬科	鳞茎	含蟾蜍二烯羟酸内酯苷及其苷配基	—
兰科				
杓兰 *Cypripedium calceolus* L.	兰科	根	醌类：如杓蓝素	—

4.3 菖蒲目

植物学名	科名	可能涉及的植物部位	相关化学物质	鉴定物质外的毒副作用
菖蒲科				
菖蒲 *Acorus calamus* L.	菖蒲科	叶子和根茎	苯丙素类：如根茎中含有甲基胡椒酚、β-细辛脑、Z-异细辛醚	—
菖蒲省藤属 *Acorus calamus* L. var. calamus.	菖蒲科	叶子和根茎	三倍体植物，含苯丙素类化合物，如β-细辛脑（叶精油含50%～65%，根茎精油含9%～19%）	—
日本菖蒲 *Acorus calamus* L. *var. angustatus* Bess.	菖蒲科	叶子和根茎	四倍体植物，含苯丙素类化合物，如β-细辛脑（鲜块茎精油含85%～95%，干根茎精油含4.4%～8.3%）	—
石菖蒲 *Acorus gramineus* Sol.	菖蒲科	叶子和根茎	根茎精油含苯丙素类（0.5%～0.9%），如甲基丁香酚、顺式甲基丁香酚和黄樟素	—

4.4 禾本目

植物学名	科名	可能涉及的植物部位	相关化学物质	鉴定物质外的毒副作用
禾本科				
黄花茅 *Anthoxanthum odoratum* L.	禾本科	地上部	香豆素：如香豆素苷（干燥植物中5%）	—
芦竹 *Arundo donax* L.	禾本科	根茎	吲哚类生物碱：如芦竹辛	—
簕竹 *Bambusa bambos*（L.）Voss［*Bambusa arundinacea*（Retz.）Willd.］	禾本科	嫩芽	生氰糖苷和衍生物：如紫杉氰糖甘	—
大佛肚竹 *Bambusa vulgaris* Wendl.	禾本科	嫩芽	生氰糖苷和衍生物：如紫杉氰糖甘（未成熟茎尖：HCN 当量 8 000 mg/kg）	—

（续表）

植物学名	科名	可能涉及的植物部位	相关化学物质	鉴定物质外的毒副作用
柠檬草 *Cymbopogon citratus*（DC.）Stapf（*Andropogon citratus* DC.）	禾本科	地上部	精油含双环单萜：如α-侧柏酮（最高含0.1%）；单萜二苯醚：如1,8-桉叶素（微量）	—
鲁沙香茅 *Cymbopogon martini*（Roxb.）Will. Watson.	禾本科	地上部	精油含苯丙素类化合物，如甲基胡椒酚（微量）	—
亚香茅 *Cymbopogon nardus*（L.）Hook. f.	禾本科	地上部	精油含苯丙素类化合物，如甲基丁香酚（51~204 mg/kg）	—
狗牙根 *Cynodon dactylon*（L.）Pers.	禾本科	地上部	生氰糖苷	—
毒麦 *Lolium temulentum* L.	禾本科	种子	—	据报其可导致禽畜中毒，但相关物质的性质尚未确定
香茅 *Andropogon citratus* DC. 参见 *Cymbopogon citratus*（DC.）Stap.	禾本科	—	—	—
莎草科				
香附 *Cyperus rotundus* L.	莎草科	根茎	倍半萜生物碱：蟾二烯羟酸内酯苷（0.62%~0.74%）	—

4.5 泽泻目

植物学名	科名	可能涉及的植物部位	相关化学物质	鉴定物质外的毒副作用
泽泻科				
泽泻 *Alisma plantago-aquatica* L.	泽泻科	全株	—	与所有植物部分有关的毒性；化合物未知
天南星科				
天南星属 *Arisaema* spp.	天南星科	全株	该属可能含有草酸钙针晶体和一些皂苷	—

（续表）

植物学名	科名	可能涉及的植物部位	相关化学物质	鉴定物质外的毒副作用
海芋属 *Arum* spp.	天南星科	全株	该属可能含有草酸盐针晶体、糖苷皂苷、木脂素类、木脂内酯	—
花叶芋属 *Caladium* spp.	天南星科	全株	该属可能含有草酸钙	—
水芋 *Calla palustris* L.	天南星科	全株	草酸钙针晶体	—
花叶万年青属 *Dieffenbachia* spp.	天南星科	全株	该属可能含有草酸盐针晶体、蛋白水解酶和生氰糖苷	—
龙莲属 *Dracontium* spp.	天南星科	全株	该属可能含有草酸钙针晶体	—
蔓绿绒 *Philodendron* spp.	天南星科	全株	该属可能含有草酸盐针晶体	—
半夏 *Pinellia ternata* (Thunb.) Breitenb. (P. tuberifera Ten.)	天南星科	全株	苯乙胺类化合物：L-麻黄碱（块茎中含 0.0072%）	—
藤芋属 *Scindapsus* spp.	天南星科	地上部	该属可能含有草酸盐针晶体	—
白鹤芋属 *Spathiphyllum* spp.	天南星科	全株	该属含有草酸钙针晶体和蛋白水解酶	—

5　木兰亚纲潜在有毒植物纲要

5.1　木兰目

植物学名	科名	可能涉及的植物部位	相关化学物质	鉴定物质外的毒副作用
木兰科				
木兰属 *Magnolia* spp.	木兰科	全株	该属可能含有木脂素：如和厚朴酚、厚朴酚；苄基异喹啉生物碱：如木兰花碱；季铵盐：如木兰箭毒碱	木兰箭毒碱结构属于季铵盐结构，不易被吸收
香子含笑 *Michelia hedyosperma* Y. W. Law	木兰科	未说明	精油含有苯丙素类化合物，如甲基丁香酚	—
番荔枝科				
番荔枝属 *Annona* spp.	番荔枝科	全株	异喹啉类生物碱、单萜二苯醚（如1,8-桉叶素）	一株刺果番荔枝：叶子中总生物碱含量为0.65 g/kg；根皮中含量为19.7 g/kg；茎皮中含量为2.5 g/kg；树皮中含量为0.6 g/kg。树皮富含氰苷类物质，叶片含量少，果实仅含微量。果肉（如秘鲁番荔枝、刺果番荔枝、牛心梨和金莲花释迦）可作为食物
泡泡果 *Asimina triloba*（L.）Dun.	番荔枝科	种子	番荔枝内酯	—
依兰 *Cananga odorata*（Lam.）Hook. f. & Thoms.	番荔枝科	地上部	精油含苯丙素类化合物：如黄樟油精、异黄樟脑	—
高梅瓜泰木 *Guatteria gaumeri* Greenm.	番荔枝科	树皮	苯丙素类化合物：如α-细辛脑	—

（续表）

植物学名	科名	可能涉及的植物部位	相关化学物质	鉴定物质外的毒副作用
肉豆蔻科				
肉豆蔻 *Myristica fragrans* Houtt. (*M. moscata* Thunb., *M. officinalis* L.)	肉豆蔻科	肉豆蔻和种子	种子精油含苯丙素类化合物：如榄香脂素（最高含 7.5%）、肉豆蔻醚（种子中含 1.3%、肉豆蔻中含 2.7%）、黄樟素	—

5.2 樟　目

植物学名	科名	可能涉及的植物部位	相关化学物质	鉴定物质外的毒副作用
樟科				
罗文莎叶 *Ravensara aromatica* Sonn. (*Agathophyllum aromaticum* Willd.)	樟科	叶子	精油含苯丙素类化合物：如甲基胡椒酚（79.7%）、甲基丁香酚（8.5%）	—
檫木属 *Sassafras* spp.	樟科	全株	该属精油含苯丙素类化合物：如黄樟素、异黄樟脑、甲基丁香酚	—
芳樟 *Cinnamomum camphora* (L.) J. Presl.	樟科	木料	双环单萜：樟脑；单萜醚氧化物：1,8-桉叶素；苯丙素类化合物：黄樟素	—
肉桂 *Cinnamomum cassia* (Nees) Blume (*Cinnamomum aromaticum* Nees.)	樟科	地上部	树皮精油（20ml/kg）：香豆素苷（1.5～4.0 g/kg）；叶子和幼茎精油：香豆素苷（1.5%～4%）	—
阔叶樟 *Cinnamomum platyphyllum* (Diels) C. K. Allen	樟科	地上部	苯丙素类化合物：甲基丁香酚，含量不详	—
卵叶桂 *Cinnamomum rigidissimum* H. T. Chang.	樟科	木料	精油含苯丙素类化合物：如黄樟素（61.72%）、甲基丁香酚（28.62%）	—
银木 *Cinnamomum septentrione* Hand.-Mazz.	樟科	未说明	苯丙素类化合物：如甲基丁香酚	—

（续表）

植物学名	科名	可能涉及的植物部位	相关化学物质	鉴定物质外的毒副作用
锡兰肉桂 *Cinnamomum verum* J. Presl.（*Cinnamomum zeylanicum* Blume，*C. zeylanicum* Nees.）	樟科	地上部	树皮精油（0.6%~1.3%）含单萜醚氧化物：1,8-桉叶素（< 3%）；双环单萜：如樟脑（微量）；苯丙素类化合物：如肉桂醛（32%）和黄樟素（<0.5%）、甲基丁香酚（微量）；香豆素（< 0.5%）；叶子精油：1,8-桉叶素（<1%）、黄樟素（< 3%）、香豆素（< 1%）、甲基丁香酚（0.01%）	—
月桂 *Laurus nobilis* L.	樟科	果实和叶子	叶子精油含苯丙素类化合物：如甲基丁香酚（1.7% ~ 11.8%）；单萜二苯醚：1,8-桉叶素（34%~53%）	—
山鸡椒 *Litsea cubeba*（Lour）Pers.	樟科	树皮和茎	异喹啉生物碱：如山鸡椒杷明碱	—
美洲肉桂 *Ocotea odorifera*（Vell.）Rohwer [*Ocotea pretiosa*（Nees）Mez.]	樟科	木料	精油含苯丙素类化合物：如甲基丁香酚（0.1% ~ 78%）、黄樟素	—
鳄梨 *Persea americana* Mill.（*Persea drymifolia* Schltdl. & Cham）	樟科	叶子	精油含苯丙素类化合物：如甲基丁香酚（3%~85%）	—
蜡梅科				
美国腊梅 *Calycanthus floridus* L.	蜡梅科	树皮	双苄基异喹啉类生物碱：如蜡梅碱	—
杯轴花科				
波尔多 *Peumus boldus* Molina.	杯轴花科	叶子	异喹啉类生物碱：如波尔定碱等；精油含苯丙素类化合物：如甲基丁香酚（1.19%）	—

5.3 其他目

植物学名	科名	可能涉及的植物部位	相关化学物质	鉴定物质外的毒副作用
胡椒目 胡椒科				
树胡椒 *Piper aduncum* L.	胡椒科	地上部	精油含化合物苯丙素类，如芹菜脑	以前用作堕胎药
蒌叶 *Piper betle* L.	胡椒科	全株	叶子精油含苯丙素类化合物，如基胡椒酚（1.02%~4.0%）、甲基丁香酚（4.1%）	—
薄叶风藤 *Piper hispidum* Swingle (*Piper asperifolium* Rich., *Piper asperifolium* Ruiz & Pav.)	胡椒科	叶和茎	丁烯羟酸内	叶提取物具有雌激素激动作用
卡瓦胡椒 *Piper methysticum* G. Forst.	胡椒科	全株	卡瓦内酯：主要成分包括(+)-醉椒素、二氢醉椒素、(+)-麻醉椒苦素、二氢麻醉椒苦素、甲氧醉椒素、去甲氧基醉椒素	具有肝毒性
马兜铃目 马兜铃科				
细辛属 *Asarum* spp.	马兜铃科	全株	该属可能含有氮菲衍生物：如马兜铃酸、马兜铃内酰胺；及苯丙素类化合物：如细辛脑、甲基丁香酚	—
阿柏麻属 *Bragantia* spp.	马兜铃科	根	该属可能含有异喹啉类生物碱及硝酸菲衍生物	阿柏麻属有时被误认为马兜铃属，加拿大卫生部建议消费者不要使用含有马兜铃酸的产品
马兜铃属 *Aristolochia* spp.	马兜铃科	全株	该属可能含有氮菲衍生物，如马兜铃酸、马兜铃内酰胺	—

6　合瓣花亚纲潜在有毒植物纲要

6.1　葫芦目

植物学名	科名	可能涉及的植物部位	相关化学物质	鉴定物质外的毒副作用
葫芦科				
泻根属 *Bryonia* spp.	葫芦科	全株	该属可能含有氧化四环三萜衍生物，如葫芦素	—
药西瓜 *Citrullus colocynthis* (L.) Schrad. (*Cucumis colocynthis* L.)	葫芦科	果实	氧化四环三萜：如葫芦素	胃肠道炎症伴有血性腹泻症状，但毒性化合物不详。植物材料中，幼叶的葫芦素含量低，老叶和茎含量为 1~3 g/kg
黄瓜 *Cucumis sativus* L.	葫芦科	全株	可能含有氧化四环三萜，如叶子和果实中含有葫芦素 C，根部含有葫芦素 C 和 B	—
笋瓜 *Cucurbita maxima* Duch.	葫芦科	全株	可能含有氧化四环三萜，如葫芦素 B 和 C	—
西葫芦 *Cucurbita pepo* L.	葫芦科	果实	可能含有氧化四环三萜，如葫芦素	有的品种已经被培育为“不含葫芦素”的品种，这些品种被认为含有抑制基因或导致葫芦素缺失的突变。然而，反向突变随机发生，可能导致植物有毒和苦果
喷瓜 *Ecballium elaterium* (L.) A. Rich.	葫芦科	地上部	氧化四环三萜：葫芦素（果实：3.84%；茎：1.34%；叶子：0.34%）	—
丝瓜属 *Luffa* spp.	葫芦科	地上部	该属含氧化四环三萜（葫芦素）和核糖体钝化蛋白，如丝瓜素 a 和 b、八棱丝瓜蛋白	饲喂反刍动物出现流产现象，女性将丝瓜属植物用作流产剂，对实验动物妊娠产生了不良影响

（续表）

植物学名	科名	可能涉及的植物部位	相关化学物质	鉴定物质外的毒副作用
苦瓜 *Momordica charantia* L（*M. chinensis*, *M. elegans*, *M. indica*, *M. operculata*, *M. sinensis*）.	葫芦科	地上部	葫芦烷型三萜类化合物：苦瓜皂苷和甘瓜素；种子：外源凝集素	部分种子提取物在大鼠体内表现抗生精活性
栝楼 *Trichosanthes kirilowii* Maxim.	葫芦科	根	多肽：天花粉蛋白	—
马桑科				
欧马桑 *Coriaria myrtifolia* L.	马桑科	地上部	倍半萜内酯：如马桑内酯、马桑毒素	浆果中含有高浓度的马桑毒素
马桑 *Coriaria thymifolia* Humb. & Bonpl.	马桑科	地上部	倍半萜内酯：如马桑毒素、牛磺酸	—

6.2 茜草目

植物学名	科名	可能涉及的植物部位	相关化学物质	鉴定物质外的毒副作用
忍冬科				
忍冬属 *Lonicera* spp.	忍冬科	果实	该属可能含有三萜皂苷和微量吡啶类生物碱、偶联环烯醚萜	以8种忍冬属植物果实对小鼠进行试验，结果表明，未成熟果实比成熟果实毒性更强，果皮比种子毒性更强，狗出现了呕吐、腹泻和嗜睡等症状
美洲接骨木 *Sambucus canadensis* L.	忍冬科	全株	可能含有氰苷：(S)-黑接骨木苷	许多不同接骨木属植物的树枝、未成熟浆果及种子均含有能够诱发胃肠道疾病的物质
矮接骨木 *Sambucus ebulus* L.	忍冬科	全株	氰苷：S-黑接骨木苷	乙酸乙酯提取物对小鼠具有较高的毒性。植物枝条含有凝集素。许多不同接骨木属植物树枝、未成熟浆果及种子均含有能够诱发胃肠道疾病的物质

（续表）

植物学名	科名	可能涉及的植物部位	相关化学物质	鉴定物质外的毒副作用
西洋接骨木 *Sambucus nigra* L.	忍冬科	全株	氰苷：S-黑接骨木苷（鲜叶片 HCN 当量 3~17 mg/100 g，鲜果实 HCN 当量 3 mg/100 g）	植物枝条含有凝集素。许多不同接骨木属植物的树枝、未成熟浆果及种子均含有能够诱发胃肠道疾病的物质
雪果忍冬 *Symphoricarpus albus* S. F. Blake.	忍冬科	果实	—	具有胃肠道刺激作用，成分未确定
胡蔓藤科				
钩吻属 *Gelsemium* spp.	胡蔓藤科	全株	该属可能含有吲哚类生物碱和羟吲哚类生物碱，如钩吻碱甲、常绿钩吻碱	—

6.3 管状花目

植物学名	科名	可能涉及的植物部位	相关化学物质	鉴定物质外的毒副作用
茄科				
颠茄属 *Atropa* spp.	茄科	全株	该属可能含有烷类生物碱：如莨菪碱、阿托品、东莨菪碱	新鲜植物含有 L-羟色胺，干燥植物含有阿托品（外消旋混合物）
木曼陀罗属 *Brugmansia* spp.	茄科	地上部	该属可能含有烷类生物碱：如莨菪碱	—
番茉莉属 *Brunfelsia* spp.	茄科	根	该属可能含有吲哚类生物碱：如骆驼蓬碱、四氢哈尔明碱、哈马灵、番茉莉碱、番茉莉碱、二甲基色胺衍生物；淀粉溶素：如吡咯-3-甲脒	—
夜香树属 *Cestrum* spp.	茄科	全株	该属植物含有二萜苷：如夜香树碱；甾体皂苷：如1,25-二羟胆钙化醇、澳洲茄胺	—
曼陀罗属 *Datura* spp.	茄科	全株	该属可能含有萜类生物碱：如阿托品、莨菪碱	新鲜植物含有莨菪碱，其活性是阿托品的两倍（外消旋混合物）
澳洲毒茄属 *Duboisia* spp.	茄科	全株	该属可能含有萜类生物碱：如阿托品、莨菪碱等	新鲜植物含有莨菪碱，其活性是阿托品的两倍（外消旋混合物）

（续表）

植物学名	科名	可能涉及的植物部位	相关化学物质	鉴定物质外的毒副作用
天仙子属 *Hyoscyamus* spp.	茄科	全株	该属植物含有托品烷生物碱：如阿托品、莨菪碱等	新鲜植物含有莨菪碱，其活性是阿托品的两倍（外消旋混合物）
枸杞属 *Lycium* spp.	茄科	全株	该属可能含有托品烷生物碱和/或甾体生物碱苷	—
欧茄参 *Mandragora officinarum* L.（*M. autumnalis* Bertol.，*M. acaulis* Gaertn.，*M. vernalis* Bertol.）	茄科	全株	根含烷类生物碱：如莨菪碱、L-莨菪碱	—
烟草属 *Nicotiana* spp.	茄科	全株	该属植物含有吡啶生物碱：如尼古丁和假木贼碱	粉蓝烟草中99%的生物碱是假木贼碱
银杯花 *Nierembergia veitchii* Berkeley ex Hook.	茄科	全株	钙原苷（1,25-二羟基胆钙化醇）（16 400 IU/kg）	—
碧冬茄 *Petunia violacea* Lindl.	茄科	未说明	—	具有致幻特性，化合物未确定
酸浆 *Physalis alkekengi* L.	茄科	果实、根	根含烷类生物碱（0.09%～0.1%）：如酸浆双古豆碱、红古豆碱	果实具有抗雌激素活性
赛莨菪属 *Scopolia* spp.	茄科	全株	该属可能含有烷类生物碱：如莨菪碱、阿托品、东莨菪碱；及四羟去甲莨菪烷生物碱	新鲜植物含有莨菪碱，其活性是阿托品的两倍（外消旋混合物）
金杯藤属 *Solandra* spp.	茄科	全株	该属含有烷类生物碱：如L-莨菪碱、东莨菪碱	新鲜植物含有莨菪碱，其活性是阿托品两倍（外消旋混合物）
茄属 *Solanum* spp.	茄科	全株	该属植物含有甾体皂苷生物碱：如茄啶、番茄碱等	—
催眠睡茄 *Withania somnifera*（L.）Dunal.	茄科	全株	叶子含甾族内酯：睡茄内酯；根含哌啶生物碱及其他生物碱，如睡茄碱、巴比土酸盐、托品碱	—
紫草科				
紫朱草属 *Alkanna* spp.	紫草科	根	该属可能含有不饱和吡咯里西啶生物碱	—
牛舌草属 *Anchusa* spp.	紫草科	花和叶子	该属可能含有不饱和吡咯里西啶生物碱：如石松胺	—

（续表）

植物学名	科名	可能涉及的植物部位	相关化学物质	鉴定物质外的毒副作用
琉璃苣属 *Borago* spp.	紫草科	地上部	该属可能含有不饱和吡咯里西啶生物碱：如石松胺、7-乙酰-石松胺、倒提壶碱、仰卧天芥菜碱	—
倒提壶属 *Cynoglossum* spp.	紫草科	全株	该属可能含有不饱和吡咯里西啶生物碱	—
篮蓟属 *Echium* spp.	紫草科	全株	该属可能含有不饱和吡咯里西啶生物碱	—
天芥菜属 *Heliotropium* spp.	紫草科	全株	该属可能含有不饱和吡咯里西啶生物碱：如天芥菜碱、倒提壶碱	—
紫草属 *Lithospermum* spp.	紫草科	全株	该属可能含有不饱和吡咯里西啶生物碱：如石松胺	—
勿忘草属 *Myosotis* spp.	紫草科	地上部	该属可能含有不饱和吡咯里西啶生物碱	—
疗肺草 *Pulmonaria officinalis* L.	紫草科	根	可能含有吡咯里西啶生物碱	—
聚合草属 *Symphytum* spp.	紫草科	全株	该属含有不饱和吡咯里西啶生物碱	—
爵床科				
穿心莲 *Andrographis paniculata* (Burm. f.) Nees. (*Justicia paniculata* Burm. f.)	爵床科	地上部	二萜内酯及其衍生物：如穿心莲内酯（2.8%~4.4%）、脱水穿心莲内酯（1.4%~2.1%）、新穿心莲内酯（1.4%~1.9%）及去氧穿心莲内酯-19-βD葡萄糖苷（0.7%~1.8%）	据报告在家兔和小鼠实验中出现了流产效应（WHO，2002）
鸭嘴花 *Justicia adhatoda* L. (*Adhatoda vasica* Nees.)	爵床科	叶子	干叶含喹啉生物碱（0.3%~2.1%），其中鸭嘴花碱 1.8%	—
玄参科				
苦槛蓝 *Myoporum laetum* G. Forst.	玄参科	叶子	精油含呋喃倍半萜烯酮：如恩盖酮	—

7 菊亚纲潜在有毒植物纲要

7.1 桔梗目

植物学名	科名	可能涉及的植物部位	相关化学物质	鉴定物质外的毒副作用
桔梗科				
党参 *Codonopsis pilosula* (Franch.) Nannf.	桔梗科	根	皂素三萜酯	—
半边莲属 *Lobelia* spp.	桔梗科	全株	该属可能含有哌啶类生物碱：如山梗菜碱	—
菊科				
蓍属 *Achillea abrotanoides* Vis.	菊科	地上部	精油含双环单萜，如β-侧柏酮（16.8%）、松香芹酮（15.6%）、樟脑（14%），及单萜醚氧化物，如1,8-桉叶素（11.3%）	—
蓍属 *Achillea fragrantissima* Sch. Bip.	菊科	地上部	精油含双环单萜，如侧柏酮	—
蓍 *Achillea millefolium* L.	菊科	地上部	新鲜植物的精油含双环单萜，如α-侧柏酮（0.28%）、β-侧柏酮（1.60%）、樟脑（2.93%），以及单萜醚氧化物，如1,8-桉叶素（2.24%）。干燥植物的精油含α-侧柏酮（0.40%）、β-侧柏酮（3.21%）、樟脑（4.43%）和1,8-桉叶素（4.54%）。开花植物的精油含α-侧柏酮（1.02%）、β-侧柏酮（0.59%）、樟脑（17.8%）和1,8-桉叶素（3.70%~9.6%）。植物叶子的精油含α-侧柏酮（0.50%）、β-侧柏酮（0.25%）、樟脑（16.80%）和1,8-桉叶素（6.09%）	—

（续表）

植物学名	科名	可能涉及的植物部位	相关化学物质	鉴定物质外的毒副作用
芥菊（药用派利吞草） *Anacyclus pyrethrum* (L.) Lag. (*Anacyclus officinarum* Hayne.)	菊科	根	烷基胺：如墙草碱	大鼠交配后，以每天175 mg 种子/kg 的剂量喂食会导致妊娠流产。胎儿常出现骨骼和内脏畸形
木茼蒿 *Argyranthemum frutescens* (L.) Sch. Bip. (*Chrysanthemum frutescens* L.)	菊科	地上部	炔属化合物	—
卡密松山金车 *Arnica chamissonis* Less.	菊科	全株	倍半萜内酯及酯类(1.5%)：如心菊内酯	心菊内酯可引起口腔毒性
山金车 *Arnica montana* L.	菊科	全株	倍半萜内酯及酯类(0.2%~0.5%)：如心菊内酯及衍生物	心菊内酯可引起口腔毒性
南木蒿 *Artemisia abrotanum* L.	菊科	地上部	双环单萜，如α-侧柏酮；单萜二苯醚：1,8-桉叶油素；苯丙素类化合物：如甲基丁香酚	—
中亚苦蒿 *Artemisia absinthium* L. (*Absinthium officinale* Brot., *Artemisia vulgare* Lam.)	菊科	地上部	(Z)-环氧-罗勒烯化学型的精油含双环单萜，如α-侧柏酮（最高含0.30%）、β-侧柏酮（最高含7.78%）、樟脑（0.19%~9.30%）。乙酸香桧酯化学型的精油含α-侧柏酮（0.12%~0.2%）、β-侧柏酮（0.58%~0.71%）、樟脑（最高含0.31%）。β-侧柏酮化学型的精油含α-侧柏酮（0.53%~2.76%）、β-侧柏酮（17.5%~59.9%）、樟脑（0.10%~0.16%）。β-侧柏酮/环氧罗勒烯混合化学型的精油含α-侧柏酮（0.7%~1.68%）、β-侧柏酮（20.9%~40.6%）。顺式菊烯醇化学型的精油含α-侧柏酮（2.55%~21.6%）、β-侧柏酮（3.75%~25.9%）	—

（续表）

植物学名	科名	可能涉及的植物部位	相关化学物质	鉴定物质外的毒副作用
非洲艾草 *Artemisia afra* Willd.	菊科	地上部	精油含双环单萜，如α-侧柏酮（52.9%）、β-侧柏酮（15.07%）、樟脑（5.72%），以及单萜醚氧化物，如1，8-桉叶素（10.66%）	—
黄花蒿 *Artemisia annua* L.	菊科	叶子	精油含双环单萜，如樟脑（2.58%~37.50%）	含倍半萜内酯：如青蒿素（杜松烷型倍半萜烯内酯内过氧化物）和衍生物。世卫组织建议不使用含有青蒿素的草药，以免疟原虫产生耐药性（导致疟疾）
蛔蒿 *Artemisia cina* Berg.	菊科	花芽	精油（10~20ml/kg）含倍半萜内酯（2%~3%），如蛔蒿素和桉烷内酯衍生物；单萜醚氧化物：1,8-桉叶素	—
冷蒿 *Artemisia frigida* Willd.	菊科	地上部	精油含双环单萜，如β-侧柏酮（5%）	—
山龙蒿 *Artemisia genipi* Stechm.	菊科	地上部	精油含单萜醚氧化物，如1,8-桉叶素；双环单萜，如α-侧柏酮（26%）、β-侧柏酮（6.8%）	—
白草蒿 *Artemisia herba-alba* Asso.	菊科	地上部	β-侧柏酮化学型的精油含双环单萜，如α-侧柏酮（0.5%~17.0%）、β-侧柏酮（43.4%~94%）、樟脑（2.5%~15%）；及单萜醚氧化物，如1,8-桉叶素（1.8%~5.8%）。α-侧柏酮化学型的精油含α-侧柏酮（36.8%~82%）、β-侧柏酮（6.0%~16.2%）、樟脑（11.0%~19%）。樟脑化学型精油含α-侧柏酮（2.5%~25%）、β-侧柏酮（0.5%~7.5%）、樟脑（40%~70%）和1,8-桉叶素（2.6%~15%）。菊酮化学型精油含α-侧柏酮（2.9%）、β-侧柏酮	

（续表）

植物学名	科名	可能涉及的植物部位	相关化学物质	鉴定物质外的毒副作用
白草蒿 *Artemisia herba-alba* Asso.	菊科	地上部	(6.0%)、樟脑 (7.2%) 和1,8-桉叶素 (3.0%)。蒿酮化学型精油含α-侧柏酮 (0.4% ~ 5.8%)、β-侧柏酮 (0.2% ~ 5.0%)、樟脑 (最高 11%) 和 1,8-桉叶素 (3% ~ 12%)。1,8-桉叶素+α-侧柏酮化学型精油含α-侧柏酮 (27%)、β-侧柏酮 (0.5%)、樟脑 (3%) 和1,8-桉叶素 (50%)。1,8-桉叶素+β-侧柏酮化学型精油含α-侧柏酮 (4.2%)、β-侧柏酮 (12.4%)、樟脑 (9%) 和 1,8-桉叶素 (13%)。1,8-桉叶素+樟脑化学型精油含α-侧柏酮 (1.4%)、β-侧柏酮 (0.7%)、樟脑 (25%) 和 1,8-桉叶素 (38%)。菊烯醇化学型精油含樟脑 (0.1%)、1,8-桉叶素 (4.8%)。1,8-桉叶素+樟脑化学型精油含樟脑 (15%)、1,8-桉叶素 (13.3%)	—
滨海蒿 *Artemisia maritima* L. [*Seriphidium maritimum* (L.) Poljakov.]	菊科	花芽	精油含单萜醚氧化物，如 1,8-桉叶素 (41.1%)；双环单萜，如 L-(-)-樟脑 (20.3%)、β-侧柏酮 (1.1%)；倍半萜内酯，如蛔蒿素和桉烷内酯衍生物	—
高山蒿草 *Artemisia mutellina* Vill. (*A.umbelliformis* Lam.)	菊科	地上部	精油含双环单萜，如α-侧柏酮 (57.7%)、β-侧柏酮 (8.6%)	—
印蒿 *Artemisia pallens* DC.	菊科	地上部	精油含单萜醚氧化物，如1,8-桉叶素；苯丙素类：如甲基丁香酚	—

（续表）

植物学名	科名	可能涉及的植物部位	相关化学物质	鉴定物质外的毒副作用
西北蒿 *Artemisia pontica* L.	菊科	地上部	精油含双环单萜，如α-侧柏酮（13.5%~30%）、β-侧柏酮（3.3%~4.2%）；单萜醚氧化物如1,8-桉叶素（12%~23%）	—
北艾 *Artemisia vulgaris* L.	菊科	地上部	精油含双环单萜：如α-侧柏酮（56.3%）、β-侧柏酮（7.5%）、樟脑（20%）和单萜醚氧化物：1,8-桉叶素（26.8%）	—
苍术 *Atractylis gummifera* L.	菊科	根	贝壳杉烯二萜化合物：如苍术苷、羧基苍术苷	—
常春菊属 *Brachyglottis* spp.	菊科	叶子	该属可能含有不饱和吡咯里西啶生物碱：如千里光碱	—
墨西哥梦境草 *Calea zacatechichi* Schltdl.	菊科	叶子	倍半萜烯法尼醇衍生物：如桧醇脂	—
金盏花 *Calendula officinalis* L.	菊科	花	—	将水醇提物以1g/kg饲喂大鼠30 d，尿素和转氨酶增加。水醇提物对男性生育能力无影响，在妊娠早期和中期也无毒性作用。然而，该提取物在怀孕期间给药会引起母体毒性
野菊 *Chrysanthemum indicum* L.	菊科	花	精油含单萜醚氧化物，如1,8-桉叶素；双环单萜：樟脑	—
硬叶蓝刺头 *Echinops ritro* L.	菊科	种子	喹啉生物碱（0.5%）：如蓝刺头碱	—
蓝刺头 *Echinops sphaerocephalus* L.	菊科	种子	喹啉生物碱：如蓝刺头碱	—
菊芹属 *Erechtites* spp.	菊科	全株	该属可能含有不饱和吡咯里西啶生物碱：如千里光碱、千里光非林	—
泽兰属 *Eupatorium* spp.	菊科	全株	该属可能含有不饱和吡咯里西啶生物碱：如仰卧天芥菜碱、凌德草碱	—

（续表）

植物学名	科名	可能涉及的植物部位	相关化学物质	鉴定物质外的毒副作用
胶草 *Grindelia squarrosa* (Pursh) Dunal.	菊科	地上部	—	一项研究报告了经胶草擦伤后羊的死亡率。进一步的研究表明，这种植物从土壤中富集硒，达到致毒水平
露头永久花 *Helichrysum gymnocephalum* Humbert.	菊科	地上部	精油含单萜醚氧化物，如1,8-桉叶素（60%~68%）	—
永久花 *Helichrysum italicum* (Roth) Guss.	菊科	地上部	花的精油含单萜醚氧化物，如1,8-桉叶素（0.3%~1%）	—
毒莴苣 *Lactuca virosa* L.	菊科	全株	—	倍半萜内酯化合物：如山莴苣素、山莴苣苦素
法兰西菊 *Leucanthemum vulgare* Lam. (*Chrysanthemum leucanthemum* L.)	菊科	花	不饱和吡咯里西啶生物碱：如阔叶千里光碱、千里光碱	—
巴拉圭菊 *Montanoa tomentosa* Cerv.	菊科	全株	叶子中含环氧己烷二萜：如佐帕诺尔、山菊醇和含异贝壳杉烯酸	—
金色千里光 *Packera aurea* (L.) Á. Löve & D. Löve (*Senecio aureus* L.)	菊科	地上部	不饱和吡咯里西啶生物碱：如千里光碱	—
蜂斗菜属 *Petasites* spp.	菊科	全株	该属可能含有不饱和吡咯里西啶生物碱	—
翼茎阔苞菊 *Pluchea sagittalis* (Lam.) Cabrera.	菊科	地上部	精油含单萜二苯醚：1,8-桉叶素；双环单萜：如樟脑	—
风毛菊属 *Saussurea* spp.	菊科	全株	—	云香木具有诱变作用
千里光属 *Senecio* spp.	菊科	全株	该属可能含有不饱和吡咯里西啶生物碱：如千里光碱、黄樟素	—
万寿菊属 *Tagetes* spp.	菊科	全株	该属中某些种植物精油含有苯丙素类甲基胡椒酚	—
浆果薯蓣 *Tamus communis* L. 参见 *Dioscorea* spp.	—	—	—	—

（续表）

植物学名	科名	可能涉及的植物部位	相关化学物质	鉴定物质外的毒副作用
艾菊 *Tanacetum balsamita* L.	菊科	地上部	在完全开花期，地上部的精油含单环单萜酮：香芹酮（51%）；双环单萜：β-侧柏酮（20.8%）、α-侧柏酮（3.2%）；单萜二苯醚：1,8-桉叶素（4.4%）	—
除虫菊 *Tanacetum cinerariifolium* (Trevir.) Sch. Bip. [*Chrysanthemum cinerariifolium* (Trevir). Vis., *C. cinerariaefolium* (Trevir). Vis., *Tanacetum cinerariaefolium* (Trevir.) Sch. Bip.]	菊科	地上部	叶子含单萜，如除虫菊素	—
短舌匹菊 *Tanacetum parthenium* (L.) Sch. Bip [*Chrysanthemum parthenium* (L.) Bernh.]	菊科	地上部	倍半萜内酯：小白菊内酯精油含双环单萜：如樟脑（42%~64%）	—
菊蒿 *Tanacetum vulgare* L. [*Chrysanthemum vulgare* (L.) Bernh.]	菊科	地上部	精油（0.12%~0.18%）含双环单萜：樟脑（最高90%）、侧柏酮（最高80%）；单萜二苯醚：1,8-桉叶素	—
款冬属 *Tussilago* spp.	菊科	全株	该属含有不饱和吡咯里西啶生物碱	—
苍耳属 *Xanthium* spp.	菊科	花梢	该属含有二萜化合物：如羧基苍术苷	中毒通常与摄入子叶期籽苗有关，籽苗含有高浓度的羧基苍术苷，种子也含有这种毒素
除虫菊 *Chrysanthemum cinerariifolium* (Trevir.) Vis. 参见 *Tanacetum cinerarifolium* (Trevir.) Sch. Bip.	菊科	—	—	—
法兰西菊属 *Chrysanthemum leucanthemum* L. 参见 *Leucanthemum vulgare* Lam.	菊科	—	—	—

（续表）

植物学名	科名	可能涉及的植物部位	相关化学物质	鉴定物质外的毒副作用
艾菊 *Chrysanthemum vulgare*（L.）Bernh.	菊科	—	—	—

7.2 茄　目

植物学名	科名	可能涉及的植物部位	相关化学物质	鉴定物质外的毒副作用
旋花科				
白鹤藤属 *Argyreia* spp.	旋花科	种子	该属可能含有麦角生物碱	所发现的麦角生物碱究竟是植物生物合成还是真菌产生，目前仍存在争议
旋花 *Calystegia sepium* R. Br	旋花科	全株	多羟基去甲莨菪烷类生物碱：如打碗花（干植物中含有 5～316 mg/kg）；强心苷（主要存在于根部）	—
旋花属 *Convolvulus* spp.	旋花科	全株	该属可能含有吲哚生物碱：如麦碱、麦角醇、麦角素。 该属中可能含有萜类生物碱：如托品醇、假性托品醇该属中可能含有树脂（根），具有较强的泻下作用	—
马蹄金 *Dichondra repens* J.R. Forst. & G. Forst.	旋花科	全株	香豆素：如东莨菪内酯	—
番薯属 *Ipomoea* spp.	旋花科	全株	该属可能含有对肠胃系统有刺激性的树脂；吲哚里西啶生物碱和 5-羟色胺-对羟基肉桂酸；不饱和吡咯里西啶生物碱	—
多刺裸腹溞 *Operculina macrocarpa*（L.）Urb.［*Ipomoeaa operculata*（Gomes）Mart.，*Merremia macrocarpa*（L.）Roberty］	旋花科	根	—	—

（续表）

植物学名	科名	可能涉及的植物部位	相关化学物质	鉴定物质外的毒副作用
盒果藤 *Operculina turpethum* (L.) S. Manso [*Ipomoea turpethum* (L.) R. Br.]	旋花科	根	印度牵牛苷	—
伞房花序里韦亚 *Rivea corymbosa* (L.) Hallier. f.	旋花科	地上部和种子	吲哚生物碱：如麦角酰胺（麦碱）	—
繖房花序里韦亚 *Turbina corymbosa* (L.) Raf. (*Ipomoea burmanni* Choisy.)	旋花科	叶子和种子	吲哚类生物碱：如麦角苷类生物碱、麦角酸衍生物	—

8　五桠果亚纲潜在有毒植物纲要

8.1　杜鹃花目

植物学名	科名	可能涉及的植物部位	相关化学物质	鉴定物质外的毒副作用
杜鹃花科				
马醉木 *Andromeda* spp.	杜鹃花科	花、果实和叶子	该属可能含有毒二萜：如木藜芦烷类二萜毒素（如梫木毒素）	—
熊果 *Arctostaphylos uva-ursi*（L.）Spreng.	杜鹃花科	叶子	醌苷：如熊果苷（5%～15%）、甲基熊果苷（最高4%）	—
芳香白珠 *Gaultheria fragrantissima* Wall.	杜鹃花科	叶子	叶子精油含水杨酸衍生物，如水杨酸甲酯	—
平铺白珠树 *Gaultheria procumbens* L.	杜鹃花科	全株	叶子精油含水杨酸甲酯	—
山月桂 *Kalmia latifolia* L.	杜鹃花科	叶	对苯二酚：如熊果苷；有毒二萜：如浸木毒素	—
细叶杜香 *Ledum palustre* L.	杜鹃花科	全株	有毒二萜：如乙酰柽木醇毒	—
南烛属 *Lyonia* spp.	杜鹃花科	全株	该属可能含有毒二萜，如浸木毒素	—
美丽马醉木 *Pieris formosa*（Wall.）D. Don.	杜鹃花科	全株	有毒二萜：木藜芦烷类二萜	—
马醉木 *Pieris japonica*（Thunb.）D. Don. ex G. Don.	杜鹃花科	全株	有毒二萜：木藜芦烷类二萜	—
杜鹃花属 *Rhododendron* spp.	杜鹃花科	花和叶	有毒二萜：木藜芦烷类二萜	—

（续表）

植物学名	科名	可能涉及的植物部位	相关化学物质	鉴定物质外的毒副作用
报春花科				
琉璃繁缕 *Anagallis arvensis* L.	报春花科	全株	四环三萜皂苷：如海绿灵；氧化四环三萜：如阿维宁、葫芦素 E、B、D 和 I	—
圆叶仙客来 *Cyclamen europaeum* L.（*C. purpurascens* Mill.）	报春花科	块茎	三萜皂苷：如仙客来苷	—
酸藤子属 *Embelia* spp.	报春花科	果实	该属可能含有苯醌恩贝酸	—
山茶科				
茶梅 *Camellia sasanqua* Thunb.	山茶科	种子	油茶三萜皂苷	—
茶树 *Camellia sinensis* (L.) Kuntze（*Thea sinensis* L.）	山茶科	叶子	甲基黄嘌呤衍生物：咖啡因（2% ~ 4%）、茶碱（微量）；儿茶素：如表没食子儿茶素、没食子酸酯（5%~12%）	肝毒性报告病例（绿茶）

8.2 白菜花目

植物学名	科名	可能涉及的植物部位	相关化学物质	鉴定物质外的毒副作用
山柑科				
沙梨木 *Crateva nurvala* Buch.-Ham.（Crateva lophosperma Kuz.）	山柑科	树皮	羽扇豆烷型三萜类化合物：如羽扇豆醇	大鼠口服后具有抗生育活性（着床减少）
辣木科				
辣木 *Moringa oleifera* Lam.	辣木科	根和木料	根皮含生物碱：如辣木碱	根部水提物具有抗生育作用

9 姜亚纲潜在有毒植物纲要

9.1 姜目

植物学名	科名	可能涉及的植物部位	相关化学物质	鉴定物质外的毒副作用
姜科				
狭叶豆蔻 *Aframomum angustifolium* (Sonn.) K. Schum. (*Amomum angustifolium* Sonn.)	姜科	种子	精油含单萜醚氧化物，如1,8-桉叶素（4%）	—
非洲豆蔻 *Aframomum melegueta* K. Schum. (*Amomum melegueta* Rosc.)	姜科	果实和种子	哌啶生物碱：如胡椒碱	人类摄入 0.35 g 种子，会出现视力模糊和重影。通过灌胃给予水果的水提取物后，雄性大鼠的性唤起会增强
大高良姜 *Alpinia galanga* (L.) Willd.	姜科	根茎	精油含苯丙素类化合物，如甲基丁香酚（未定量）	—
高良姜 *Alpinia officinarum* Hance.	姜科	根茎	精油含单萜醚氧化物，如1,8-桉叶素（65%）	—
广西莪术 *Curcuma kwangsiensis* S. G. Lee & C. F. Liang.	姜科	根茎	精油含单萜醚氧化物，如1,8-桉叶素	—
姜黄 *Curcuma longa* L. (*Curcuma domestica* Val., *Curcuma domestic* Loir., *Amomum curcuma* Jacq.)	姜科	根茎	精油含单萜醚氧化物，如1,8-桉叶素；双环单萜：如樟脑	—
蓬莪术 *Curcuma phaeocaulis* Valeton.	姜科	根茎	精油含双环单萜，如樟脑（10%～16%）	—

（续表）

植物学名	科名	可能涉及的植物部位	相关化学物质	鉴定物质外的毒副作用
温郁金 *Curcuma wenyujin* Y. H. Chen & C. Ling.	姜科	根茎	—	—
黄红姜黄 *Curcuma xanthorrhiza* Roxb.	姜科	根茎	精油含单萜：单萜二苯醚：1,8-桉叶素（最高40%）；双环单萜：樟脑（1%）	—
小豆蔻 *Elettaria cardamomum* (L.) Maton.	姜科	果实	精油含苯丙素类化合物：如甲基丁香酚（0.1%）；单萜二苯醚：1,8-桉叶素（最高51.3%）	—
黄姜花 *Hedychium flavum* Roxb.	姜科	根茎	根茎精油含单萜，如1,8-桉叶素（最高42%）	—
姜 *Zingiber officinale* Roscoe.	姜科	根茎	—	给两组怀孕大鼠注射新鲜姜粉提取物，与控制组（$P<0.05$）相比，这两组大鼠对植入物的吸收性有所增加。未观察到母体毒性的迹象，也未观察到治疗后胎儿的任何严重形态畸形

10 松杉纲潜在有毒植物纲要

10.1 松杉目

植物学名	科名	可能涉及的植物部位	相关化学物质	鉴定物质外的毒副作用
柏科				
方苞澳洲柏 *Callitris quadrivalvis* Vent. [*Tetraclinis articulata* (Vahl) Mast.]	柏科	木料	茎精油（0.25%~0.8%）含双环单萜，如侧柏酮（低于1%）、樟脑（19%）	—
欧刺柏 *Juniperus communis* L.	柏科	球果和叶子	叶子中的精油含双环单萜，如β-侧柏酮（0.29%）	欧刺柏叶子精油中含有0~0.4%的α-侧柏酮和0~0.4%的β-侧柏酮。严重肾脏疾病的禁忌症。临床前研究表明，欧刺柏提取物具有明显的抗生育和流产作用。从奶牛妊娠第250天开始饲喂叶子（4.5~5.5 kg叶片/d，相当于190~245 mg异柠檬酸），在饲喂后3~4 d后奶牛流产
酸刺柏 *Juniperus oxycedrus* L.	柏科	树枝和木料	木油（杜松油）含酚类化合物，如甲酚；非挥发油部分含对甲基苯酚	未经精馏的油脂具有致癌性，有案例表明中毒会伴随发热、严重低血压、肾功能衰竭和肝毒性症状
红果圆柏 *Juniperus phoenicea* L.	柏科	球果和叶子	球果有含氧二帖酸甲酯衍生物；叶子含木脂素，如脱氧鬼臼脂素、β-盾叶鬼臼素A	—
叉子圆柏 *Juniperus sabina* L.	柏科	全株	精油含双环单萜，如醋酸桧酯（20%~53%）、桧萜（20%~42%）	从叶子和细枝中提取的精油有堕胎作用

（续表）

植物学名	科名	可能涉及的植物部位	相关化学物质	鉴定物质外的毒副作用
西班牙圆柏 *Juniperus thurifera* L.	柏科	球果和叶子	球果有含氧二萜酸甲酯衍生物；叶子含木脂素，如去氧鬼臼脂素、β-盾叶鬼臼素 A	—
北美圆柏 *Juniperus virginiana* L.	柏科	球果和叶子	叶子含木脂素，如去氧鬼臼脂素、β-盾叶鬼臼素 A；叶子精油含苯丙素类化合物，如甲基胡椒酚、甲基丁香酚	—
崖柏属 *Thuja* ssp.	柏科	全株	该属中某些种植物精油含有双环单萜，如侧柏酮	—

11 松亚纲潜在有毒植物纲要

11.1 松 目

植物学名	科名	可能涉及的植物部位	相关化学物质	鉴定物质外的毒副作用
松科				
雪松属 *Cedrus* spp.	松科	地上部	该属可能含有双环单萜：如侧柏酮	—
欧洲落叶松 *Larix decidua* Mill.	松科	地上部	针叶精油含单萜醚氧化物：1,8-桉叶素（0.01%）；树皮精油含单萜醚氧化物：1,8-桉叶素（2.09%）	—

12 石松亚纲潜在有毒植物纲要

12.1 石松目

植物学名	科名	可能涉及的植物部位	相关化学物质	鉴定物质外的毒副作用
石松科				
小杉兰 *Huperzia selago* (L.) Schrank & Mart. (*Lycopodium selago* L.)	石松科	地上部	石松生物碱（石松定类）：石杉碱 A、石杉碱 B、N-甲基-石杉碱 B、石杉碱	—
蛇足石杉 *Huperzia serrata* (Thunb.) Trevis. (*Lycopodium serratum* Thunb.)	石松科	地上部	倍半萜生物碱：如石杉碱 A（约 0.007%）和石杉碱 B	—
东北石松 *Lycopodium clavatum* L.	石松科	全株	石松生物碱（0.1% ~ 0.4%）：如石松碱	—

13 棕榈亚纲潜在有毒植物纲要

13.1 棕榈目

植物学名	科名	可能涉及的植物部位	相关化学物质	鉴定物质外的毒副作用
棕榈科				
槟榔 *Areca catechu* L.	棕榈科	种子	哌啶生物碱：如槟榔碱、槟榔次碱	—
鱼尾葵属 *Caryota* spp.	棕榈科	全株	该属叶子含生氰糖苷和草酸盐针晶体	—
锯棕榈 *Serenoa repens*（W. Bartram）Small.	棕榈科	果实	—	具有抗雄激素和抗雌激素活性

14 苏铁亚纲潜在有毒植物纲要

14.1 苏铁目

植物学名	科名	可能涉及的植物部位	相关化学物质	鉴定物质外的毒副作用
苏铁科				
苏铁属 *Cycas* spp.	苏铁科	叶、花粉和种子	该属可能含有胺氧化物：如苏铁素	—

15 银杏亚纲潜在有毒植物纲要

15.1 银杏目

植物学名	科名	可能涉及的植物部位	相关化学物质	鉴定物质外的毒副作用
银杏科				
银杏 *Ginkgo biloba* L.	银杏科	叶子和种子（幼籽）	叶子含银杏酚酸：如腰果酚、腰果二酚、银杏酚、银杏毒	叶子含倍半萜内酯（如银杏新内酯）及二萜内酯（如银杏内酯）；幼籽：在日本，人类中毒已造成一些致命后果，罐装和煮熟的种子只含有新鲜种子1%的含量。烤过的种子也含有银杏毒素。种子中毒的症状：呕吐、癫痫和昏迷

16　木兰藤亚纲潜在有毒植物纲要

16.1　木兰藤目

植物学名	科名	可能涉及的植物部位	相关化学物质	鉴定物质外的毒副作用
五味子科				
日本莽草 *Illicium anisatum* L. (*I. religiosum* Siebold & Zucc.)	五味子科	树皮和果实	精油含倍半萜内酯：如莽草毒素（果实中平均含量 1 205 mg/kg）、新莽草毒素、日本莽草素；苯丙素类化合物：如甲基丁香酚（9.8%）	—
八角 *Illicium verum* Hook. f.	五味子科	果实	精油含苯丙素类化合物：如对丙烯基甲醚（75%～90%）、甲基胡椒酚（0.34%～5.04%）、黄樟素（0.14%）	—

17 买麻藤亚纲潜在有毒植物纲要

17.1 麻黄目

植物学名	科名	可能涉及的植物部位	相关化学物质	鉴定物质外的毒副作用
麻黄科				
麻黄属 *Ephedra* spp.	麻黄科	地上部	该属可能含有苯乙胺类生物碱：如麻黄碱、伪麻黄碱	—

18 木贼亚纲潜在有毒植物纲要

18.1 木贼目

植物学名	科名	可能涉及的植物部位	相关化学物质	鉴定物质外的毒副作用
木贼科				
犬问荆 *Equisetum palustre* L.	木贼科	地上部	哌啶类生物碱：如问荆碱（0.01%~0.3%）	可导致畜禽中毒

19 红豆杉纲潜在有毒植物纲要

19.1 红豆杉目

植物学名	科名	可能涉及的植物部位	相关化学物质	鉴定物质外的毒副作用
红豆杉科				
红豆杉属 *Taxus* spp.	红豆杉科	除果皮外，全株	该属含有二萜生物碱：如紫杉碱、紫杉醇、三尖杉宁碱	—

20　水龙骨亚纲潜在有毒植物纲要

20.1　真蕨目

植物学名	科名	可能涉及的植物部位	相关化学物质	鉴定物质外的毒副作用
岩蕨科				
蹄盖蕨 *Athyrium filix-femina* (L.) Roth.	岩蕨科	根和嫩芽	硫胺素酶	新鲜嫩芽含硫胺素酶
姬蕨科				
欧洲蕨 *Pteridium aquilinum* (L.) Kuhn.	姬蕨科	全株	去甲倍半萜烯苷：如原蕨苷含有硫胺素酶和氰苷（洋李苷）	致癌物质，原蕨苷的生物转化产生了神经毒性原蕨苷 B
鳞毛蕨科				
鳞毛蕨属 *Dryopteris* spp.	鳞毛蕨科	全株	该属植物含有绵马精（多种酰基间苯三酚衍生物的混合物，如绵马素、白绵马素），一些品种也含有去甲倍半萜烯原蕨苷	—
欧绵马 *Polypodium filix-mas* L. 参见 *Dryopteris filix-mas* (L.) Schott.	鳞毛蕨科	—	—	—

21 担子菌纲潜在有毒植物纲要

21.1 伞菌目

植物学名	科名	可能涉及的植物部位	相关化学物质	鉴定物质外的毒副作用
伞菌科				
环柄菇属 *Lepiota* spp.	伞菌科	子实体	该属菌类含有环肽毒素：如鹅膏毒环肽 A 和 B	—
粪伞科				
锥盖伞属 *Conocybe* spp.	粪伞科	子实体	该属菌类含有吲哚类生物碱：如脱磷酸裸盖菇素、裸盖菇素等	某些菌类含有毒蛋白，如引发胃肠道紊乱和焦虑的鬼笔环肽
牛肝菌科				
细网柄牛肝菌 *Boletus satanas* Lenz.	牛肝菌科	子实体	单体糖蛋白：魔牛肝菌毒蛋白	—
口蘑科				
杯伞属 *Clitocybe* spp.	口蘑科	子实体	该属植物含有毒蝇碱、某些蓖麻碱类凝集素	—
鹅膏科				
鹅膏菌属 *Amanita* spp.	鹅膏科	子实体	该属菌类含有色胺：如蟾毒色胺；环肽：如鬼笔毒肽和鹅膏毒素；异恶唑生物碱：如鹅膏蕈氨酸；季胺盐生物碱：如毒蝇碱	—
丝膜菌科				
奥来丝膜菌 *Cortinarius orellanus* Fr.	丝膜菌科	子实体	吡啶氮氧化物生物碱：如奥来毒素及衍生物二吡啶生物碱	—
毒丝膜菌 *Cortinarius rubellus* Cooke.（*Cortinarius speciosissimus* Kühner & Romagn.）	丝膜菌科	子实体	吡啶氮氧化物生物碱：如奥来毒素及衍生物二吡啶生物碱	—

（续表）

植物学名	科名	可能涉及的植物部位	相关化学物质	鉴定物质外的毒副作用
细鳞丝膜菌 *Cortinarius speciosissimus* Kühner & Romagn. 参见 *Cortinarius rubellus* Cooke.	丝膜菌科	—	—	—
丝盖伞科				
丝盖伞属 *Inocybe* spp.	丝盖伞科	子实体	该属菌类含吲哚生物碱：如脱磷酸裸盖菇素、裸盖菇素；季胺基：如毒蝇碱	—
球盖菇科				
古巴裸盖菇属 *Psilocybe* spp.	球盖菇科	子实体	该属菌类含有吲哚类生物碱：如脱磷酸裸盖菇素和裸盖菇素	—
球盖菇属 *Stropharia* spp.	球盖菇科	子实体	该属菌类含有吲哚类生物碱：如脱磷酸裸盖菇素、裸盖菇素等	—
光柄菇科				
光柄菇属 *Pluteus* spp.	光柄菇科	子实体	该属菌类含有吲哚类生物碱（色胺衍生物）：如脱磷酸裸盖菇素、裸盖菇素等	—

21.2 红菇目

植物学名	科名	可能涉及的植物部位	相关化学物质	鉴定物质外的毒副作用
红菇科				
毛头乳菇 *Lactarius torminosus* (Schaeff.) Gray.	红菇科	子实体	倍半萜烯二醛：如绒白乳菇醛（0.16mg/g）	绒白乳菇会导致人类中毒，其提取物具有致突变作用。但在芬兰等地经过焯水后仍食用

22 核菌纲潜在有毒植物纲要

22.1 球壳目

植物学名	科名	可能涉及的植物部位	相关化学物质	鉴定物质外的毒副作用
麦角菌科				
麦角病菌 *Claviceps* spp.	麦角菌科	小菌核属	该属可能含有麦角生物碱：如麦角新碱、麦角胺和麦角毒碱	—

23 盘菌纲潜在有毒植物纲要

23.1 盘菌目

植物学名	科名	可能涉及的植物部位	相关化学物质	鉴定物质外的毒副作用
平盘菌科				
鹿花菌 *Gyromitra esculenta* (Pers.) Fr.	平盘菌科	子实体	腙类化合物：鹿花蕈素（乙醛 N-甲基-N-甲酰腙），含量约 50 mg/kg 鲜重	—
马鞍菌科				
马鞍菌 *Helvella* spp.	马鞍菌科	子实体	—	马鞍菌可致使中毒。该物种经常与鹿花菌属混淆，后者已知含有毒腙类化合物（如鹿花蕈素）

24 不整囊菌纲潜在有毒植物纲要

24.1 散囊菌目

植物学名	科名	可能涉及的植物部位	相关化学物质	鉴定物质外的毒副作用
红曲菌科				
红曲菌 *Monascus purpureus.*	红曲菌科	微型真菌	可能产生霉菌毒素，如橘霉素	—

25 其他潜在有毒植物纲要

25.1 海带目

植物学名	科名	可能涉及的植物部位	相关化学物质	鉴定物质外的毒副作用
巨藻科				
巨藻 *Macrocystis pyrifera* (L.) C. Ag.	巨藻科	菌体	—	含有大量碘元素，因生长条件和环境致使藻类富集重金属（如铅、镉）

附录 A

潜在相关物质或不良影响资料不足或现有资料无法核实，并且出现在至少一个欧洲成员国负面植物清单上或限制使用的植物。

植物学名	科名	列入国家植物清单的部分
蔷薇目　蔷薇科		
麝香蔷薇 *Rosa moschata* Herrm.	蔷薇科	—
锈红蔷薇 *Rosa rubiginosa* L.	蔷薇科	根
蔷薇目　鼠李科		
小果枣 *Ziziphus oenoplia*（L.） Mill.	鼠李科	—
新泽西茶 *Ceanothus americanus* L.	鼠李科	根皮
蔷薇目　景天科		
反曲景天 参见针叶景天 *Sedum reflexum* L. 参见 *Sedum rupestre* L.	—	—
针叶景天 (反曲景天) *Sedum rupestre* L.（*Sedum reflexum* L.）	景天科	—
欧紫八宝 *Sedum telephium* L.［*Hylotelephium telephium*（L.） H.Ohba.］	景天科	—
蔷薇目　荨麻科		
欧蓍草 *Parietaria judaica* L.	荨麻科	—
龙胆目　夹竹桃科		
黑鳗藤属 *Stephanotis* spp.	夹竹桃科	—
毛茛目　樟科		
柯托树 *Nectandra coto* Rusby.	樟科	树皮

（续表）

植物学名	科名	列入国家植物清单的部分
绿心树 *Nectandra rodioei* Hook.	樟科	树皮
冇樟 *Cinnamomum micranthum* (Hayata) Hayata.	樟科	木料
石竹目　石竹科		
硬毛赫尼亚草 *Herniaria hirsuta* L.	石竹科	地上部
圆锥石头花 *Gypsophila paniculata* L.	石竹科	—
石竹目　商陆科		
珊瑚珠 *Rivina humilis* L.	商陆科	全株
石竹目　蓼科		
萹蓄 *Polygonum aviculare* L.	蓼科	全株
无患子目　漆树科		
毒漆 *Toxicodendron vernix* (L.) Kuntze.	漆树科	全株
毒栎 *Toxicodendron pubescens* Mill. (*Rhus toxicodendron* L.)	漆树科	全株
毒漆藤 *Toxicodendron radicans* (L.) Kuntze.	漆树科	全株
杧果 *Mangifera indica* L.	漆树科	树皮
无患子目　楝科		
红椿 *Toona ciliata* M. Roem. (*Cedrela toona* Roxb.)	楝科	—
印度吐根 *Naregamia alata* Wight. & Arn.	楝科	全株
伞形目　伞形科		
小窃衣 *Torilis japonica* (Houtt.) DC.	伞形科（伞形花科）	—
白松香 *Ferula gummosa* Boiss. (F. galbaniflua Boiss. & Bushe.)	伞形科（伞形花科）	地上部

（续表）

植物学名	科名	列入国家植物清单的部分
阿莫尼亚胶草 *Dorema ammoniacum* D. Don.	伞形科（伞形花科）	—
山川芎 *Conioselinum univittatum* Kar. & Kir.	伞形科（伞形花科）	—
金星草 *Cnidium dubium*（Schkuhr）Schmeil & Fitschen.	伞形科（伞形花科）	—
东川芎 *Cnidium officinale* Makino	伞形科（伞形花科）	根茎
伞形目　五加科		
刺参 *Oplopanax elatus*（Nakai）Nakai	五加科	树皮、叶子和根
唇形目　铁青树科		
巴西榥榥木 *Ptychopetalum olacoides* Benth.	铁青树科	根
十字花目　辣木科		
阿拉伯辣木 *Moringa aptera* Gaertn.	辣木科	果实
辣木 *Moringa peregrina*（Forssk.）Fiori.	辣木科	—
桃金娘目　桃金娘科		
昆士亚 Druce. Kunzea ambigua（Sm.）*Druce.*	桃金娘科	—
桃金娘目　瑞香科		
东部皮革木 *Dirca palustris* L.	瑞香科	—
沉香 *Aquilaria malaccensis* Lam.（Aquilaria agollocha Roxb.）	瑞香科	树皮和叶子
桃金娘目　柳叶菜科		
月见草 *Oenothera biennis* L.	柳叶菜科	种子
桃金娘目　千屈菜科		
千屈菜属 *Lythrum* spp.	千屈菜科	地上部
金虎尾目　金虎尾科		
西印度樱桃 *Malpighia glabra* L.（*Malpighia punicifolia* L.）	金虎尾科	树皮

（续表）

植物学名	科名	列入国家植物清单的部分
金虎尾目　叶下珠科		
叶下珠 *Phyllanthus fraternus* G. L. Webster	叶下珠科	地上部
金虎尾目　古柯科		
卡图巴 *Erythroxylum catuaba* Raym.-Hamet.	古柯科	—
壳斗目　杨梅科		
蜡楊梅 *Morella cerifera*（L.） Small.	杨梅科	—
壳斗目　桦木科		
加拿大黄桦 *Betula alleghaniensis* Britton	桦木科	—
蒺藜目　蒺藜科		
神圣愈疮木 *Guaiacum sanctum* L.	蒺藜科	—
檀香目　檀香科		
新喀里多尼亚檀香 *Santalum austrocaledonicum* Vieill.	檀香科	—
大果澳洲檀香 *Santalum spicatum*（R. Br.） A.DC	檀香科	—
假柳穿鱼属 *Comandra* spp.	檀香科	—
牻牛儿苗目　牻牛儿苗科		
香叶天竺葵 *Pelargonium graveolens* L′ Hér.	牻牛儿苗科	地上部
野天竺葵 *Geranium maculatum* L.	牻牛儿苗科	—
侧膜胎座目　龙脑香科		
东京龙脑香 *Dipterocarpus retusus* Blume.	龙脑香科	—
芸香目　芸香科		
阿比西尼亚牛筋果 *Harrisonia abyssinica* Oliv.	芸香科	树皮和根
圆金桔 *Fortunella japonica*（Thunb.） Swingle （Citrus japonica Thunb.）	芸香科	树皮

（续表）

植物学名	科名	列入国家植物清单的部分
枸橼 *Citrus medica* L. ［*C. medica*（L.） var. *macrocarpa* Risso；*C. medica*（L.） var. *vulgaris* Risso；*C. medica* L.var *cedrata* Risso］	芸香科	—
香橙 *Citrus junos*（Makino） Tanaka.	芸香科	果实
百合目　菝葜科		
墨西哥菝葜 *Smilax aristolochiifolia* Mill.（*Smilax kerberi* F.W.Apt.）	菝葜科	根
瓜多尔菝葜 *Smilax purhampuy* Ruiz（*Smilax febrifuga* Kunth）	菝葜科	—
百合目　鸢尾科		
变色鸢尾 *Iris versicolor* L.	鸢尾科	根茎
天门冬目　天门冬科		
黄精 *Polygonatum sibiricum* F. Delaroche.	天门冬科	根茎
山麦冬属 *Liriope* spp.	天门冬科	果实
丛毛麝香兰 *Leopoldia comosa*（L.） Parl. ［*Muscari comosum*（L.） Mill.］	天门冬科	鳞茎
知母 *Anemarrhena asphodeloides* Bunge.	天门冬科	根茎
禾本目　禾本科		
香根草 *Chrysopogon zizanioides*（L.） Roberty	禾本科	根
泽泻目　天南星科		
千年健属 *Homalomena* spp.	天南星科	—
木兰目　木兰科		
望春花 *Magnolia fargesii*（Finet & Gagnep.） W. C. Cheng.（M. biondii Pamp.）	木兰科	—
白樟目　林仙科		
霍罗皮托 *Pseudowintera colorata*（Raoul） Dandy.	林仙科	叶子

（续表）

植物学名	科名	列入国家植物清单的部分
茜草目　茜草科		
荚蒾拉奇木 *Rudgea viburnoides* ssp. Viburnoides.	茜草科	—
墨苜蓿 *Richardia scabra* L.	茜草科	—
美国蔓虎刺 *Mitchella repens* L.	茜草科	果实和叶子
管状花目　茄科		
大花金杯藤 *Solandra grandiflora* Sw.	茄科	—
管状花目　玄参科		
翅茎玄参 *Scrophularia umbrosa* Dumort.	玄参科	—
管状花目　唇形科		
黄荆 *Vitex negundo* L.	唇形科	—
蔓荆 *Vitex trifolia* L.	唇形科	—
毒马草属 *Sideritis* spp.（*Leucophae* spp.）	唇形科	—
北美黄芩 *Scutellaria lateriflora* L.	唇形科	地上部
飞鸽鼠尾草 *Salvia columbariae* Benth.	唇形科	—
醒目薰衣草 参见醒目薰衣草 *Lavandula burnati* Briq. 参见 *Lavandula intermedia notho* ssp. intermedia	唇形科	—
杂薰衣草 *Lavandula heterophylla* Viv.（*Lavandula hybrida* Ging.）	唇形科	—
醒目薰衣草精油 参见甜薰衣草 *Lavandula hybrida* Ging. 参见 *Lavandula heterophylla* Viv.	唇形科	—
醒目薰衣草 *Lavandula intermedia notho* ssp.intermedia （*Lavandula x burnati* Briq.）	唇形科	—

（续表）

植物学名	科名	列入国家植物清单的部分
管状花目　紫葳科		
黄钟花属 *Tecoma* spp.	紫葳科	—
黄叶美国木豆树 *Catalpa bignonioides* Walter.	紫葳科	树皮和果实
管状花目　旋花科		
肾叶打碗花 *Calystegia soldanella* R.Br.	旋花科	全株
管状花目　花荵科		
花荵 *Polemonium caeruleum* L.	花荵科	—
匍匐花荵 *Polemonium reptans* L.	花荵科	—
桔梗目　菊科		
川木香 *Vladimiria souliei*（Franch.）Y.Ling.	菊科	—
香绵菊 *Santolina chamaecyparissus* L.	菊科	—
大胶草 *Grindelia hirsutula* Hook. & Arn.	菊科	—
湿生鼠麴草 *Gnaphalium uliginosum* L.	菊科	—
弯曲胶草 *Grindelia camporum* Greene.	菊科	—
贯叶泽兰 *Eupatorium perfoliatum* L.	菊科	地上部
鳢肠 *Eclipta prostrata*（L.）L.	菊科	全株
瓜叶菊属 *Cineraria* spp.	菊科	地上部
青蒿 *Artemisia carvifolia* Roxb.（*Artemisia caruifolia* Roxb.，*Artemisia apiacea* Hance）	菊科	地上部
青蒿 参见青蒿 *Artemisia apiacea* Hance. 参见 *Artemisia carvifolia* Roxb.	菊科	—

（续表）

植物学名	科名	列入国家植物清单的部分
白术 *Atractylodes macrocephala* Koidz.	菊科	根茎
苍术 *Atractylodes ovata* DC.	菊科	根茎
欧洲金盏花 *Calendula arvensis* L.	菊科	花
果香菊 *Chamaemelum mixtum* All.	菊科	全株
捩花目　木犀科		
女贞 *Ligustrum lucidum* Aiton.	木犀科	果实
弗里斯脱木属 *Forestiera* spp.	木犀科	—
薯蓣目　纳茜菜科		
独角兽根 *Aletris farinosa* L.	纳茜菜科	根
杜鹃花目　报春花科		
毛黄连花 *Lysimachia vulgaris* L.	报春花科	—
车前目　车前科		
北美腹水草 *Veronicastrum virginicum*（L.）Farw.	车前科	—
山茱萸目　绣球花科		
贝拉安娜乔木绣球 *Hydrangea arborescens* L.	绣球花科	根
川续断目　忍冬科		
大花甘松 *Nardostachys grandiflora* DC. （N. jatamansi DC.）	忍冬科	根
松杉目　松科		
白云杉 *Picea glauca*（Moench）Voss.	松科	—
喜马拉雅雪松 *Cedrus deodara*（D. Don）G. Don.	松科	木料
黎巴嫩雪松 *Cedrus libani* A. Rich.	松科	地上部

（续表）

植物学名	科名	列入国家植物清单的部分
松杉目　柏科		
东非圆柏 *Juniperus procera* Hochst. ex Endl.	柏科	木料
北美沙地柏 *Juniperus ashei* J. Buchholz	柏科	—
木贼目　木贼科		
问荆 *Equisetum arvense* L.	木贼科	地上部
真蕨目　铁角蕨科		
厚叶铁角蕨 *Asplenium scolopendrium* L.	铁角蕨科	—
伞菌目　光柄菇科		
小包脚菇属 *Volvaria* spp.	光柄菇科	子实体
曲霉目　大团囊科		
粗粒大团囊菌 *Elaphomyces granulatus* Fr.	大团囊科	子实体
多孔菌目　多孔菌科		
火鸡尾蘑菇 *Trametes versicolor*（L.）Lloyd.	多孔菌科	子实体
颤藻目　伪鱼腥藻科		
极大螺旋藻 *Spirulina maxima*（Setchell & Gardner）Geitler.	伪鱼腥藻科	—
蓝藻目　念珠藻科		
水华束丝藻 *Aphanizomenon flos-aquae* Bornet & Flauhault（*Byssus flos-aquae* L.）	念珠藻科	—

附录 B

出现在至少一个欧洲成员国负面植物清单上或限制使用的植物，但科学委员会通过对所发现的数据进行分析，未能确定相关物质或列入《纲要》的其他数据，应对这些物种进行系统文献检索。

植物学名	科名	列入国家植物清单的部分
蔷薇目　蔷薇科		
欧亚花楸 *Sorbus domestica* L.	蔷薇科	果实
狗蔷薇 *Rosa canina* L.	蔷薇科	—
突厥蔷薇 *Rosa damascena* Mill.	蔷薇科	花和叶
黑莓 *Rubus fruticosus* L. s. l.	蔷薇科	—
地榆 *Sanguisorba officinalis* L.	蔷薇科	根
非洲李 *Prunus africana*（Hook. f.）Kalkman.	蔷薇科	—
欧洲酸樱桃 *Prunus cerasus* L.	蔷薇科	—
蕨麻 *Potentilla anserina* L.	蔷薇科	根
紫萼路边青 *Geum rivale* L.	蔷薇科	根茎和根
欧亚路边青 *Geum urbanum* L.	蔷薇科	根茎和根
旋果蚊子草 *Filipendula ulmaria*（L.）Maxim.	蔷薇科	地上部
合叶子 *Filipendula vulgaris* Moench.	蔷薇科	地上部
野草莓 *Fragaria vesca* L.	蔷薇科	地上部

（续表）

植物学名	科名	列入国家植物清单的部分
榅桲 *Cydonia oblonga* P. Mill.	蔷薇科	种子
地中海欧楂 *Crataegus azarolus* L.	蔷薇科	—
钝裂叶山楂 *Crataegus laevigata*（*Poiret*）DC.	蔷薇科	—
单子山楂 *Crataegus monogyna* Jacq.	蔷薇科	—
匈牙利山楂 Waldst. & Kit. *Crataegus nigra* Waldst. & Kit.	蔷薇科	—
五蕊山楂 *Crataegus pentagyna* Willd.	蔷薇科	—
田野芫荽菜 *Aphanes arvensis* L.［*Alchemilla arvensis*（L.）Scop.］	蔷薇科	地上部
高山羽衣草 *Alchemilla alpina* L.	蔷薇科	—
欧洲龙芽草 *Agrimonia eupatoria* L.	蔷薇科	地上部
蔷薇目　鼠李科		
大枣 *Ziziphus jujuba* Mill.	鼠李科	—
蔷薇目　景天科		
红景天 *Rhodiola rosea* L.	景天科	—
蔷薇目　荨麻科		
异株荨麻 *Urtica dioica* L.	荨麻科	地上部
龙胆目　龙胆科		
印度獐牙菜 *Swertia chirayita*（Roxb.）H. Karst.	龙胆科	全株
星花龙胆 *Gentiana cruciata* L.	龙胆科	—
黄龙胆 *Gentiana lutea* L.	龙胆科	—
日本鬼灯檠 *Centaurium erythraea* Raf.	龙胆科	花梢

（续表）

植物学名	科名	列入国家植物清单的部分
毛茛目　罂粟科		
虞美人 *Papaver rhoeas* L.	罂粟科	地上部
毛茛目　木通科		
木通 *Akebia quinata*（Houtt.）Decne.	木通科	全株
三叶木通 *Akebia trifoliata*（Thunb.）Koidz.	木通科	全株
石竹目　石竹科		
繁缕 *Stellaria media*（L.）Vill.	石竹科	全株
叉歧繁缕 *Stellaria dichotoma* L.	石竹科	全株
田野拟漆姑 *Spergularia rubra*（L.）J. Presl. & C. Presl.	石竹科	—
石竹目　仙人掌科		
大花蛇鞭柱 *Selenicereus grandiflorus* Britton & Rose (Cactus grandiflorus L.)	仙人掌科	地上部
梨果仙人掌 *Opuntia ficus-indica*（L.）Mill.	仙人掌科	—
石竹目　蓼科		
拳参 *Bistorta officinalis* Delabre. (*Polygonum bistorta* L.)	蓼科	根茎
无患子目　无患子科		
欧洲七叶树 *Aesculus hippocastanum* L.	无患子科	树皮和种子
无患子目　漆树科		
秘鲁胡椒木 *Schinus molle* L.	漆树科	果实和叶子
伞形目　伞形科		
阿尔泰柴胡 *Bupleurum falcatum* L.	伞形科	根
伞形目　五加科		
西洋参 *Panax quinquefolius* L.	五加科	根

（续表）

植物学名	科名	列入国家植物清单的部分
高丽参 *Panax ginseng* C. A. Mey.	五加科	根
糙叶藤五加 *Eleutherococcus senticosus*（Rupr. & Maxim.） Maxim.	五加科	—
无梗五加 *Eleutherococcus sessiliflorus*（Rupr. & Maxim.） S. Y. Hu.	五加科	—
美洲楤木 *Aralia racemosa* L.	五加科	根茎和根
十字花目　十字花科		
萝卜 *Raphanus sativus var.niger* J. Kern（*Raphanus sativus* L. con var. *sativus* Radish group）	十字花科	—
锦葵目　锦葵科		
心叶椴 *Tilia cordata* Mill.	锦葵科	—
欧洲椴 *Tilia europaea* L.	锦葵科	—
阔叶椴 *Tilia platyphyllos* Scop.	锦葵科	—
银毛椴 *Tilia tomentosa* Moench.	锦葵科	—
锦葵 *Malva sylvestris* L.	锦葵科	地上部
药蜀葵 *Althaea officinalis* L.	锦葵科	—
苘麻 *Abutilon theophrasti* Medik.（*Abutilon avicennae* Gaertn.）	锦葵科	果实和种子
香葵 *Abelmoschus moschatus* Medik.	锦葵科	—
桃金娘目　桃金娘科		
柠檬桉 *Corymbia citriodora*（Hook.） K. D. Hill. & L. A. S. Johnson.	桃金娘科	叶子
桃金娘目　千屈菜科		
千屈菜 *Lythrum salicaria* L.	千屈菜科	地上部

（续表）

植物学名	科名	列入国家植物清单的部分
桃金娘目　使君子科		
阿江榄仁 *Terminalia arjuna*（Roxb.）Wight & Arn.	使君子科	—
毗黎勒 *Terminalia bellirica*（Gaertn.）Roxb.	使君子科	—
金虎尾目　西番莲科		
特纳草叶 *Turnera diffusa* Schult.	西番莲科	—
野生西番莲 *Passiflora incarnata* L.	西番莲科	全株
鸡蛋果 *Passiflora edulis* Sims.	西番莲科	全株
金虎尾目　大戟科		
大飞扬草 *Euphorbia hirta* L.［*Chamaesyce hirta*（L.）Millesp.］	大戟科	地上部
金虎尾目　红厚壳科		
红厚壳 *Calophyllum inophyllum* L.	红厚壳科	果实和树干中的树脂
金虎尾目　堇菜科		
野生堇菜 *Viola arvensis* Murray.	堇菜科	—
香堇菜 *Viola odorata* L.	堇菜科	花和叶
三色堇 *Viola tricolor* L.	堇菜科	花和叶
壳斗目　桦木科		
欧榛 *Corylus avellana* L.	桦木科	叶子和坚果
毛桦 *Betula pubescens* Ehrh.	桦木科	叶子
河桦 *Betula nigra* L.	桦木科	叶子
垂枝桦 *Betula pendula* Roth.	桦木科	叶子
欧洲桤木 *Alnus glutinosa*（L.）Gaertn.	桦木科	树皮和叶子

（续表）

植物学名	科名	列入国家植物清单的部分
虎耳草目　茶藨子科		
黑加仑 *Ribes nigrum* L.	茶藨子科	—
虎耳草目　芍药科		
芍药 *Paeonia lactiflora* Pall.	芍药科	—
药用芍药 *Paeonia officinalis* L.	芍药科	—
牡丹 *Paeonia suffructicosa* Andr.	芍药科	—
檀香目　檀香科		
檀香树 *Santalum album* L.	檀香科	—
葡萄目　葡萄科		
葡萄 *Vitis vinifera* L.	葡萄科	果实、叶子和种子
牻牛儿苗目　牻牛儿苗科		
汉荭鱼腥草 *Geranium robertianum* L.	牻牛儿苗科	—
芸香目　芸香科		
阿米香树 *Amyris balsamifera* L.	芸香科	—
豆目　蝶形花科		
葫芦巴 *Trigonella foenum-graecum* L.	蝶形花科	—
酸角 *Tamarindus indica* L.	蝶形花科	—
囊状紫檀 *Pterocarpus marsupium* Roxb.	蝶形花科	树皮和木料
红芒柄花 *Ononis spinosa* L.	蝶形花科	全株
吐鲁香 *Myroxylon balsamum*（L.） Harms.	蝶形花科	树干香脂
头状胡枝子 *Lespedeza capitata* Michx.	蝶形花科	地上部
百合目　鸢尾科		
德国鸢尾 *Iris germanica* L.	鸢尾科	根茎和根

（续表）

植物学名	科名	列入国家植物清单的部分
香根鸢尾 *Iris pallida* Lam.	鸢尾科	根茎和根
天门冬目　天门冬科		
晚香玉 *Polianthes tuberosa* L.	天门冬科	地上部
禾本目　禾本科		
小麦 *Triticum aestivum* L. subsp. *aestivum*	禾本科	—
大麦 *Hordeum vulgare* L.	禾本科	种子
偃麦草 *Elymus repens*（L.）Gould［*Agropyron repens*（L.）*P. Beauv.*，*Elytrigia repens*（L.）Nevski］	禾本科	—
燕麦 *Avena sativa* L.	禾本科	—
禾本目　莎草科		
干膜莎草 *Cyperus scariosus* R. Br.	莎草科	根茎和根
苔草 *Carex arenaria* L.	莎草科	—
禾本目　凤梨科		
菠萝 *Ananas comosus*（L.）Merr.［*Ananas sativus*（Lindl.）Schult. f.］	凤梨科	—
茜草目　茜草科		
绒毛钩藤 *Uncaria tomentosa*（Schult.）DC.	茜草科	地上部
蓬子菜 *Galium verum* L.	茜草科	地上部
茜草目　败酱科		
缬草 *Valeriana officinalis* L.	败酱科	—
管状花目　唇形科		
药水苏 *Stachys officinalis*（L.）Trevis.	唇形科	—
广藿香 *Pogostemon cablin* Benth.	唇形科	—
猫须草 *Orthosiphon aristatus*（Blume）Miq.	唇形科	地上部

（续表）

植物学名	科名	列入国家植物清单的部分
香蜂花 *Melissa officinalis* L.	唇形科	地上部
欧夏至草 *Marrubium vulgare* L.	唇形科	地上部
短柄野芝麻 *Lamium album* L.	唇形科	—
牛至 *Coridothymus capitatus*（L.） Rchb. f.	唇形科	地上部
加拿大柯林森氏草 *Collinsonia canadensis* L.	唇形科	叶子、根和嫩芽
管状花目　玄参科		
密花毛蕊花 *Verbascum densiflorum* Bertol.	玄参科	—
蛾毛蕊花 *Verbascum phlomoides* L.	玄参科	—
林生玄参 *Scrophularia nodosa* L.	玄参科	全株
管状花目　紫草科		
北美圣草 *Eriodictyon californicum*（Hook. & Arn.） Torr.	紫草科	地上部
管状花目　紫葳科		
木蝴蝶 *Oroxylum indicum*（L.） Kurz.	紫葳科	果实和种子
黄叶美国木豆树 *Catalpa bignonioides* Walter.（*C. syringifolia* Sims.）	紫葳科	叶子、荚和种子
管状花目　旋花科		
蕹菜 *Ipomoea aquatica* Forssk.	旋花科	—
管状花目　列当科		
小米草 *Euphrasia officinalis* L.	列当科	—
管状花目　胡麻科		
爪钩草 *Harpagophytum procumbens* Meisn.	胡麻科	根

（续表）

植物学名	科名	列入国家植物清单的部分
爪钩草 *Harpagophytum zeyheri* Decne.	胡麻科	根
管状花目　花荵科		
花荵 *Polemonium caeruleum* L.	花荵科	—
匍匐花荵 *Polemonium reptans* L.	花荵科	—
管状花目　马鞭草科		
马鞭草 *Verbena officinalis* L.	马鞭草科	—
柠檬马鞭草 *Aloysia citriodora* Palau [*A. citrodora* Palau, *A. triphylla* (L′ Hér.) Britton, *Lippia triphylla* (L′ Hérit.) Kuntze, *L. citriodora* (Lam.) Kunth, *L. citrodora* Kunth]	马鞭草科	—
桔梗目　桔梗科		
桔梗 *Platycodon grandiflorus* (Jacq.) A. DC.	桔梗科	—
沙参 *Adenophora stricta* Miq.	桔梗科	—
桔梗目　菊科		
蒲公英 *Taraxacum officinale* F. H. Wigg., s. l.	菊科	—
水飞蓟 *Silybum marianum* (L.) Gaertn.	菊科	花梢和种子
加拿大一枝黄花 *Solidago canadensis* L.	菊科	—
毛果一枝黄花 *Solidago virgaurea* L.	菊科	—
鹿草 *Rhaponticum carthamoides* (Willd.) Iljin [*Stemmacantha carthamoides* (Willd.) Dittrich, *Leuzea carthamoides* (Willd.) DC.]	菊科	—
银胶菊 *Parthenium integrifolium* L.	菊科	—

（续表）

植物学名	科名	列入国家植物清单的部分
德国洋甘菊 *Matricaria recutita* L. [*Chamomilla recutita* (L.) Rauschert.]	菊科	花
野莴苣 *Lactuca serriola* L.	菊科	—
土木香 *Inula helenium* L.	菊科	根
绿毛山柳菊 *Hieracium pilosella* L. (*Pilosella officinarum* F. W. Schultz & Sch. Bip.)	菊科	地上部
沙生蜡菊 *Helichrysum arenarium* (L.) Moench.	菊科	—
香迪里菊 *Dittrichia graveolens* (L.) Greuter.	菊科	叶子
狭叶紫锥花 *Echinacea angustifolia* DC.	菊科	—
苍白紫松果菊 *Echinacea pallida* (Nutt.) Nutt.	菊科	—
紫松果菊 *Echinacea purpurea* (L.) Moench.	菊科	—
刺苞菜蓟 *Cynara cardunculus* L.	菊科	—
小蓬草 *Conyza canadensis* (L.) Cronquist.	菊科	全株
藏掖花 *Cnicus benedictus* L.	菊科	全株
果香菊 *Chamaemelum nobile* (L.) All. (*Anthemis nobilis* L.)	菊科	全株
银蓟 *Carlina acaulis* L.	菊科	根
狼杷草 *Bidens tripartita* L.	菊科	地上部
牛蒡 *Arctium lappa* L. (*Arctium majus* Bernh.)	菊科	—
蝶须 *Antennaria dioica* (L.) Gaertn. (*Gnaphalium dioicum* L.)	菊科	—

（续表）

植物学名	科名	列入国家植物清单的部分
罗马洋甘菊 参见果香菊 *Anthemis nobilis* L. 参见 *Chamaemelum nobile*（L.） All.	菊科	—
西欧派利谷草 *Achyrocline satureioides*（Lam.） DC. ［*A. saturejoides*（Lam.） DC.］	菊科	—
杜鹃花目　杜鹃花科		
黑果越桔 *Vaccinium myrtillus* L.	杜鹃花科	叶子
红豆越橘 *Vaccinium vitis-idaea* L.	杜鹃花科	叶子
草莓树 *Arbutus unedo* L.	杜鹃花科	叶子
杜鹃花目　报春花科		
牛舌樱草 *Primula elatior*（L.） Hill.	报春花科	全株
黄花九轮草 *Primula veris* L.	报春花科	全株
欧洲报春 *Primula vulgaris* Huds.	报春花科	—
杜鹃花目　安息香科		
滇南安息香 *Styrax benzoides* Craib.	安息香科	树干中的树脂
松杉目　松科		
花旗松 Franco *Pseudotsuga menziesii*（Mirb.） Franco	松科	—
欧洲赤松 *Pinus sylvestris* L.	松科	树干含油树脂
大西洋雪松 Carrière *Cedrus atlantica*（Endl.） Carrière.	松科	芽和木料
银冷杉 *Abies alba* Mill.	松科	萌芽和球果
胶冷杉 *Abies balsamea*（L.） Mill.	松科	萌芽和球果
西伯利亚冷杉 *Abies sibirica* Ledeb.	松科	萌芽和球果

（续表）

植物学名	科名	列入国家植物清单的部分
西藏冷杉 *Abies spectabilis*（D. Don.） Mirb.	松科	萌芽和球果
松杉目　杉科		
日本柳杉 *Cryptomeria japonica*（L. f. ） D. Don.	杉科	木屑
松杉目　柏科		
地中海柏木 *Cupressus sempervirens* L.	柏科	球果
澳洲蓝柏 *Callitris introtropica* R. T. Baker & H. G. Sm	柏科	—
木兰藤目　五味子科		
五味子 Baill. *Schisandra chinensis*（Turcz.） Baill.	五味子科	果实
华中五味子 *Schisandra sphenanthera* Rehd. et Wills.	五味子科	果实
麻黄目　麻黄科		
麻黄 *Ephedra nevadensis* Wats.	麻黄科	—
真蕨目　水龙骨科		
欧亚多足蕨 *Polypodium vulgare* L.	水龙骨科	根茎和根
真蕨目　铁线蕨科		
铁线蕨 *Adiantum capillus-veneris* L.	铁线蕨科	—
车前目　车前科		
北美腹水草 *Veronicastrum virginicum*（L.） Farw.	车前科	—
山茱萸目　山茱萸科		
山茱萸 *Cornus officinalis* Siebold & Zucc.	山茱萸科	果实
山茱萸目　杜仲科		
杜仲 *Eucommia ulmoides* Oliv.	杜仲科	树皮和叶子
捩花目　木犀科		
油橄榄 *Olea europaea* L.	木犀科	地上部

（续表）

植物学名	科名	列入国家植物清单的部分
素方花 *Jasminum officinale* L.	木犀科	花
欧洲白蜡树 *Fraxinus excelsior* L.	木犀科	树皮
川续断目　忍冬科		
绵毛荚蒾 *Viburnum lantana* L.	忍冬科	—
欧洲荚蒾 *Viburnum opulus* L.	忍冬科	—
梨叶荚蒾 *Viburnum prunifolium* L.	忍冬科	树皮
山龙眼目　山龙眼科		
智利榛 *Gevuina avellana* Molina.	山龙眼科	—
木兰藤目　五味子科		
五味子 Baill. *Schisandra chinensis*（Turcz.）Baill.	五味子科	果实
华中五味子 *Schisandra sphenanthera* Rehd. et Wills.	五味子科	果实
鸭跖草目　鸭跖草科		
蓝耳草 Schult. & Schult. f. *Cyanotis vaga*（Lour.）Schult. & Schult. f.	鸭跖草科	根
肉座菌目　线虫草科		
冬虫夏草 *Ophiocordyceps sinensis*（Berk.）G. H. Sung，J. M. Sung，Hywel-Jones & Spatafora［*Cordyceps sinensis*（Berk.）Sacc.］	线虫草科	子实体
多孔菌目　多孔菌科		
茯苓 *Wolfiporia extensa*（Peck）Ginns.［*Wolfiporia cocos*（F. A. Wolf）Ryvarden & Gilb.，*Poria cocos* F. A. Wolf］	多孔菌科	子实体
茯苓 *Poria cocos* F. A. Wolf 参见 *Wolfiporia extensa*（Peck）Ginns.	多孔菌科	—
茯苓 *Wolfiporia cocos*（F. A. Wolf）Ryvarden & Gilb. 参见 *Wolfiporia extensa*（Peck）Ginns.	多孔菌科	—

（续表）

植物学名	科名	列入国家植物清单的部分
多孔菌目　灵芝科		
灵芝 *Ganoderma lucidum*（Curtis）P. Karst.	灵芝科	子实体
地卷衣目　肺衣科		
肺衣 *Lobaria pulmonaria*（L.）Hoffm.	肺衣科	菌体

附录 C

用于编制植物纲要的物种清单信息来源

国家 （地区或组织）	参考文献
奥地利	List of Botanicals not admitted or restricted in food in Austria；（Codex Unterkommission Nahrungsergänzungsmittel）9/7/2005
比利时	Decree of 29 August 1997 on the manufacturing and placing on the market of foodstuffs which consist of plants or to which plants are added. List 1-Plants that cannot be used in or as foodstuffs List 2-Edible mushrooms List 3-Plants that can be used in food supplements
保加利亚	Decree on food supplements-Annex 4
克罗地亚	Regulation on foods to meet special nutritional requirements-Annex Ⅷ
捷克共和国	Regulation on the requirements for food supplements and the addition of nutrients to foodstuff-Annex Ⅳ
捷克共和国	Recommendations of herbals which should only be used in food supplements under certain restrictions-State Institute of Drug Control
丹麦	Danish list concerning toxicological evaluation of plants in food supplements；The list contains plants considered as unacceptable，plants with a restriction on daily use（max. level），and plants that are evaluated at a daily dose（“Drogelisten”（2000）and later update March 2011）
丹麦	The departmental order of the Danish Ministry of Health no. 698（31. August 1993）List of euphoriants.（Latest update 11. April 2007）
爱沙尼亚	Decree 59/2005 on establishing a list of plants for pharmaceutical use-Positive and negative lists of plants which may or may not be used in food supplements
芬兰	Decision 1179/2006 on a list of medicines-Annex 2 negative list of herbal ingredients which cannot be used in food supplements
法国	French Pharmacopoeia（10th edition）：List A of medicinal plants with a traditional use and List B of medicinal plants with a traditional use but whose possible undesirable effects exceed expected beneficial therapeutical effect.
匈牙利	Horacsek M. 2005. Food Supplements and special-purpose foods. Komplementer Medicina. Vol 1-2，pp.32-37-List of herbal ingredients whose use in food supplements is permitted
冰岛	Medicines Control Agency-List of hebal ingredients A）for food use，B）for medicinal use，C）needing a case-by-case assessment，N）a natural medicine
意大利	Italian Ministry of Health-Plants not suitable for use in food supplement manufacturing-Positive list of herbal substances which may be used in the manufacture of foodstuffs

（续表）

国家（地区或组织）	参考文献
拉脱维亚	Regulation on the labelling of food supplements-Annex II list of herbals whose use is prohibited in food supplements-Annex III list of herbals whose use is restricted to certain levels and parts of plants
荷兰	Dutch Regulation implementing the Law 19 January 2001 on Goods and identifying pyrrolizidine alkaloids containing plants（for which a maximum limit of 1 μg/kg or per litre is imposed）（E1） and plants not to be used in herboristic products（E2）
挪威	Regulation 1565/1999 on medicinal product classification. Herbal substances are classified as H） general food use，L） medicine，LR） prescription only medicine
波兰	Office for Registration of medicinal products，medicinal devices and biocidal products-two lists of herbals which may or may not be used in food supplements
罗马尼亚	Ordinance 244/2005 on herbals and partially processed herbals used in food supplements-contains a list of plants unsuitable for human consumption，and a list of plants which may be used in food supplements
斯洛文尼亚	Rules for the classification of herbals Nr. 133/03-Contains a list of herbals classified as H） can be used in foodstuffs，Z） for the prevention and treatment of disease，ZR） prescription needed，ND，prohibited because of their toxic potential
西班牙	Spanish Regulation（Ministerio de Sanidad y Consumo Orden SCO/ 190/2004） concerning plants for which public sale is forbidden or limited because of toxicity
瑞典	National Food Administration-List of plants considered as not suitable in foods
英国	Medicines and Healthcare Products Regulatory Agency-Indicative list of herbals which have a reported medicinal，food or cosmetic use.
欧洲自我药疗行业协会	The Regulatory Framework for Food Supplements in Europe
欧盟委员会	Plants assessed as flavourings by the Council of Europe in 2000 and 2004 belonging to Category 3 or 4（restrictions recommended for use）（H1 and H2 respectively） or as Category 5（restrictions recommended and further data required）（H3） or Category 6（considered not appropriate for human consumption）（H4）
欧盟委员会	Active principles（constituents of toxicological concern） contained in natural sources of flavourings. Council of Europe，2004
欧洲药物评审组织/欧洲药品管理局	Plants containing toxic substances（CPMP / EMEA，1992）
欧洲药物评审组织/欧洲药品管理局	Plants assessed as medicinal products by the EMEA/HMPC since its inception，and previously by the Working Party on Herbal Medicinal Products between 1998 and 2004
欧洲药物评审组织/欧洲药品管理局	Final Public Statement on the use of herbal medicinal products containing estragole，Committee on Herbal Medicinal Products（HMPC），London 23 November 2005

（续表）

国家（地区或组织）	参考文献
欧洲药物评审组织/欧洲药品管理局	Final Public Statement on the use of herbal medicinal products containing methyleugenol, Committee on Herbal Medicinal Products (HMPC), London 23 November 2005
欧洲药物评审组织/欧洲药品管理局	Final Public Statement on the risk associated with the use of herbal products containing Aristolochia species, Committee on Herbal Medicinal Products (HMPC), London 23 November 2005
欧洲药物评审组织/欧洲药品管理局	Final Public Statement on the use of herbal medicinal products containing pulegone and menthofuran, Committee on Herbal Medicinal Products (HMPC), London 23 November 2005
欧洲药物评审组织/欧洲药品管理局	Final Public Statement on the use of herbal medicinal products containing asarone, Committee on Herbal Medicinal Products (HMPC), London 23 November 2005
欧洲植物疗法科学合作组织	Plants assessed as medicinal products by ESCOP (2003)
欧洲食品信息资源—毒理学数据	Pilegaard K, Eriksen F D, Soerensen M, Gry J. (2007) EuroFIR-NETTOX Plant List. European Food Information Resource Consortium (EuroFIR). ISBN 0 907 667 570
世界卫生组织	Plants assessed as medicinal products by WHO in 1999 (Vol. 1), 2002 (Vol.2) and 2005 (Vol.3)